国外青年建筑师设计作品译丛

如果……那么

——建筑的思索

国外青年建筑师设计作品译丛

如果……那么
——建筑的思索

[美] 普林斯顿建筑出版社
纽约建筑协会 编
林源 译

中国建筑工业出版社

著作权合同登记图字：01－2006－5627号

图书在版编目（CIP）数据

如果……那么——建筑的思索/（美）普林斯顿建筑出版社，纽约建筑协会编；林源译．—北京：中国建筑工业出版社，2009
（国外青年建筑师设计作品译丛）
ISBN 978－7－112－11619－5

Ⅰ．如… Ⅱ．①普…②纽…③林… Ⅲ.城市规划－建筑设计－作品集－美国－现代 Ⅳ.TU984.712

中国版本图书馆CIP数据核字（2009）第210859号

责任编辑：戚琳琳
责任设计：郑秋菊
责任校对：陈　波　刘　钰

国外青年建筑师设计作品译丛
如果……那么
——建筑的思索
[美] 普林斯顿建筑出版社 纽约建筑协会 编
林源 译
*
中国建筑工业出版社出版、发行（北京西郊百万庄）
各地新华书店、建筑书店经销
北京嘉泰利德公司制版
北京盛通印刷股份有限公司印刷
*
开本：787×1092毫米　1/32　印张：$5^1/_2$　字数：180千字
2010年2月第一版　2010年2月第一次印刷
定价：46.00元
ISBN 978－7－112－11619－5
（18856）

目　录

致谢

罗莎莉 · 吉纳弗罗 (Rosalie Genevro)
纽约建筑协会执行主席

“如果……那么”是纽约建筑协会的第 23 个“青年建筑师论坛”的活动，每年一次的论坛为从大学或研究生院毕业 10 年及未满 10 年的建筑师举办竞赛和展示会，并出版他们的作品。根据竞赛的意向、格式和内容从北美地区的参赛者中进行选拔，胜出者应有出色的作品，项目不论建成与否，要能针对展示的主题清楚地表达自己的意图。

从论坛开始举办至今，主题已经逐渐被青年建筑师协会的委员会塑造成形。这个委员会由往届的胜出者组成，他们还挑选设计团体的领导人作为竞赛的评审委员会。协会感谢 2003—2004 年的评审委员会成员斯特拉 · 贝茨 (Stella Betts)、马克拉姆 · 艾－卡迪 (Makram el－Kadi) 和埃里克 · 利夫廷 (Eric Liftin) 所付出的宝贵时间和专业知识。

协会非常感谢 LEF 基金会对本书出版的支持。

青年建筑师论坛有了阿特米德(Artemide)、亨特 · 道格拉斯(Window Fashions)、登布朗特 (Dornbracht)、A · E · 格雷森 (A.E.Greyson) 公司和提特拉 & 索恩 (Tischler und Sohn) 的慷慨支持，还有纽约州立艺术委员会公共基金的支持才得以举办。

前言

斯坦 · 艾伦 (Stan Allen)
建筑师，普林斯顿大学建筑学院院长

今年的青年建筑师竞赛的题目来自于计算机的程序语言。"如果……那么"是嵌入在编程语言体系中的条件性语句。这个词来源于数学上的推论法，是为了在错综复杂的计算机算法结构中指示出几条清晰路径所必经的逻辑的大门。同时它还传达出这样的讯息——建筑正在进入一个与数字技术紧密关联的新阶段。

建筑与计算机的确切的关系史还未被书写，但是这部历史肯定要以战后不久即开始的军事和工程学科的技术转化为开篇。近几十年来，由于计算机的影响已经不再局限于单纯的技术方面，建筑正在努力去接受这个仍在发展的技术。可以看出这个过程包含三个明显的阶段：第一个阶段，在计算机朋客和解构主义的影响下，建筑与数字技术的联系主要是隐喻性的。20 世纪 80 年代由于很容易接触到快速发展的网络，许多建筑师着迷于这种新型技术所提供的网络交互性的潜力和灵活多变的个人身份认证。问题是，在现实中可利用的计算机技术不仅低速，而且昂贵。建筑师通过实验性的方案和装置，有时候也综合一些新媒体的映像，试图去捕捉令他们着迷的这种前所未有的感觉，但是这些方案在绝大多数时候仍然是由传统的手段来实现的。直到 20 世纪 90 年代中期新的建模软件（某种程度上是通过电影工业的数字动画片发展起来的）才开始广泛地应用，而且更为重要的是开始在建筑院校中教授。这代表着第二个阶段的开始，在这个阶段中数字技术的作用主要是常规性的。喜爱连续表面和规矩的复合形体是这一阶段作品的特点。由于建筑师兴奋地探究这些迅速发展的建模工具的形式潜力，一种新的审美风格开始形成。由于此类作品在视觉上极尽吸引眼球之能事，因此经常被批评为是难以付诸实际建造的甚至是幼稚的建筑设计。

在我看来，我们现在正进入第三阶段，也是建筑与数字技术关系更为成熟的阶段。一方面由于那些教育阶段整个都处在数字化时代的新一代建筑师的努力，另一方面也由于第一代经过数字化训练的建筑师们不断地发展他们的思想，计算机技术对建筑领域的影响已经超越了隐喻和形式，开始付诸实践。我们正在进入一个计算机技术无论是在理论上还是在实践上都已经为我们所理解的时代。这是时代的变化，同时也是技术自身发展进步的结果。在第一阶段和第二阶段，计算机在一定程度上具有迷信性质——它把建筑师划分为相信它的和不相信它的，把建筑领域变成一个"高手"、信条和狂热崇拜者的世界。而在今天，这一切都已经改变。数字技术被民主化了，计算机硬件和软件变得更便宜、更普及也更人性化。在数字技术中成长起来的新一代已经构成了庞大的专家储备。

这次参加竞赛的建筑师，没有一个自称是专门的"数字化"建筑师。因为对这一代人来说，计算机已经不是一种需要他们去赞美或者去解构的新技术，而仅仅只是日常生活的一个组成部分。计算机式的逻辑早已被他们借鉴并运用到行动和思维习惯当中。因此，把这些不同团队的作品聚集在计算机的算法结构之下，是完全合理的。

"如果……那么"这一主题暗示了这样一个事实：当代建筑实践的复杂性，既不能由现代主义的自以为是（在很多情况下是执迷不悟），也不能由后现代主义的冷嘲热讽（在很多情况下是琐碎庸俗）来有效地解决。在数字技术并没有真正被推广得无微不至，但同时网络对人们日常生活方方面面的渗透使得新的思维方式的运用成为可能的今天，这些参赛建筑师提出我们所需要的是富有活力且灵活可变的建筑理念：因事而异而非一成不变的主张；能体现出不确定性和不可预知性的主题；交互式、人性化、可适性的建筑构想。

他们当中的部分建筑师正在向灵活可变的计算机算法学习，并在实践中发展出更为轻快灵动的、人性化的建筑形式。在这次竞赛中，"如果……那么"的竞赛主题使人能体会到一种新的建筑实践策略，这种策略超越了建筑领域中传统的建筑师——客户——施工者的关系而使建筑设计更具战略性和先发性。建造过程也应该与此一致。用途不应该被事先限定，建筑应该被看作是一个具有适应性的脚手架，可以随着时间流逝改变它的用途，能够配合当代生活的多种偶然性，能够支持各种各样的行为活动。这些建筑师中的另外一部分则致力于开发很有可能付诸实施的数字建构，这种方式已经开辟出了一片富有生命力的设计新领域。在这次竞赛中，计算机的作用已经由视觉领域扩展到了建构领域，并对实体建造产生了直接的影响。对这些年轻的建筑师，我们能说的就是：对于他们而言，今天最重要的不是新的形式，而是新的实践形式。

最后我要说的是，这些作品之所以入选（在这里我要感谢所有的参与者），并不是因为它们迎合了规定的主题，而是因为它们的出色品质。然而，这一次的主题捕捉到了年轻建筑师普遍的思想倾向，并且也许预示着更大的变革。至于这次年轻建筑师的最优秀作品的集合可以被聚合在条件性语句“如果……那么……”的大旗之下，这暗示着：在今天，建筑师最紧迫的任务之一是去直面不确定性，不过不是通过含糊不清的主题，或者过时的可变性模型，而是通过具有建筑上的明确性和程序上的不可预测性的设计方案。这一点，无论是在汤姆·威斯库姆（Tom Wiscombe）（他的事务所的名字 EMERGENT，直接表达了其对于信息技术的兴趣）的形式与操作的审美风格中，还是在盖尔·皮特·博登（Gail Peter Borden）和米洛比概念系统（Miloby Ideasystem）具有开创性的程序策略中都显著地表现出来。曾在 OMA 埋头钻研实施策略的费尔南多·罗梅罗（Fernando Romero），提出要从零开始，彻底改造他的建筑实践。米特尼克－罗迪尔－希克斯事务所（Mitnick Roddier Hicks）在城市的边缘地区找到了被忽视的发展潜力。Luz 工作室运用了数字构建的新的可能性，但不仅仅止步于这项技术本身，而是把它看作是“一张由相似性和对立性交织而成的动态的网”。这些建筑师或工作室的每一件作品，都体现出了他们对于“如果……那么……”这一充满思索意味的主题的独特感觉；他们的作品，共同描绘着未来，在这样的未来中，新的建筑实践形式也许会应运而生。

引言

安妮 · 里塞尔巴赫（Anne Rieselbach）
纽约建筑协会，竞赛负责人

这次竞赛的题目是由建筑协会下属的青年建筑师委员会提出的，这个委员会由过去几届竞赛的优胜者组成，他们提出这个主题是为了响应协会发起的为期一年的项目："催化剂建筑"。在这整个一年中，协会主持的讲座和小组讨论反复探讨了新建筑——无论是作为实物、事件还是语境——是否能成为城市和公共机构改头换面，并为它们的周遭环境重新注入活力的方式，以及建筑物的外形设计是否能够定制或者重新定制建筑物的用途。这些想法是由委员会通过观察建筑师创造结构设计的方法用以满足不同的但又相互关联的需求而提出的。竞赛要求鼓励参赛者去审视在为大众提供文化价值的象征符号和公共文化的生产空间中建筑师所扮演的角色。根据参赛者对用地、规划、形式、技术和材料进行的反思，委员会概要地提出了一些问题供他们思考。这些问题主要集中在设计的理论本质以及建筑师应该如何在本质上建构"社会幻想"，用来阐释社会性和实用性因素，从而实现把用地、建造程序这样的原材料转化为建造形式的目标。

正如竞赛要求中描述的：每一个建筑方案都开始于"将想像力运用在……对一个尚未存在的空间内将要发生的事件的推测上"。这种建筑幻想要求建筑师拥有以见多识广为基础的想像力，这样他才能把对于实用性要求的考虑——譬如规划、用地、预算等——转化为充满灵感的建造形式。理想地说，这一形式能够在现在和将来发挥出它应有的作用，也能够满足每位客户的潜在要求，并且达成建筑师的美学目标。在此前的几年，参赛者们被要求合理地整理、解释他们的作品——这些作品中可能包含已建成的方案，未建成的方案和实验性方案，使得这些作品蕴含的理念可以与竞赛的主题相契合。

这次竞赛整个北美地区共有 100 件作品入围。评委中除了属于委员会的斯特拉·贝茨、马克拉姆·艾·卡迪和埃里克·利夫廷，还有普雷斯顿·斯科特·科恩、辛西娅·戴维松、迈克尔·马尔赞和温迪·埃文斯·约瑟夫。优胜者最后得以在建筑协会展出他们的作品并发表演讲。他们能够胜出不仅是因为他们作品的整体质量，也因为他们的设计可能会激发对规划和设计新方法的理解，甚至激发变革规划与设计的传统概念的新方法的产生。

六个获胜事务所的作品，无论是在风格上、规模上还是结构上都有很大区别。然而他们的一些观念却是相同的。他们的很多作品都表现了无主从的创作策略。在参展作品中借由一些元素如网、镜子、重复的格架所包含的某种交互关系，创造出了各单元紧密关联的组合形式。优胜者们设计制作的很多装置，都是由重要性相似的元素的相互关系所构成的网状结构，而非以某一元素为中心的整体。

费尔南多·罗梅罗是墨西哥城的 LCM 事务所（Laboratorio de la Ciudad de Mexico）的主要负责人，他对于“设计能够诠释当代社会的建筑”很感兴趣。在分析效益、资源和计划之后，一种适用于特定用地的解决方案就会应运而生。LCM 面临身处经济不发达地区的挑战，他们的工程使用廉价劳动力，不可避免地要经常依赖手工技艺。有些作品，比如高达 34 层的“五百人塔楼”（500–Person Tower），是用节俭的现代主义建筑语汇设计的，简单的建造方法是与之相适应的。其他的作品，比如“玩偶之家”（the Dolls′ House），把一座设计于 20 世纪 50 年代的住宅的直线型流线增建为流动的曲线型，这对建造方法的要求就更为特殊了。LCM 的装置通过数字的和图像的手段记录了从设计、建造到完成的各个步骤。

汤姆·威斯库姆在洛杉矶的 EMERGENT 事务所“致力于通过建筑形式研究全球化、技术和物质性”。他们的作品尝试去满足“动态的社会网络”的要求，其中运用的设计方法反映的更多是生物的而不是人工的模式。因此他们作品的形式，用威斯库姆的话来说，是专注于“景观、基础组织和网状结构的生长逻辑，而不是秩序、竖直结构和立面的过时的逻辑。”。EMERGENT 事务所 2003 年在 P.S.1 设置的夏季庭院装置“MoMA/P.S.1 都市海滩”（MoMA/P.S.1 Urban Beach）就体现了这种无主次的建筑方法。这其中的两个核心元素是由水池和日光浴场所构成的“休闲景观”，以及由小型的互联单元组成的“微型复式屋顶”。这两个元素在动态的关系中转换并偶尔相互联结。

安东尼·皮尔马林尼（Anthony Piermarini）和汉西·贝特·巴拉扎（Hansy Better Barraza）制作了一座网状的、用激光切割的许多彼此相似的小片冷轧钢制成的支架，用以放置他们在波士顿的 Luz 工作室所创作的作品的图片。这是一组商业建筑和公共机构建筑的方案，这些图片都放入到由磨砂树脂玻璃制成的盒子中，盒子再嵌入到蕾丝状的格架中，可以通过放大镜观看。他们的一些作品，比如 Diva 休闲吧（the Diva Lounge）和为哈佛大学设计学院所做的信箱系统（Mail-slot System），都有用穹窿状厚布覆盖着的墙壁和屋顶。这一类作品的设计中运用了相似的手法，那就是通过简单元素的重复以获得新的意义。那些大规模的工程［其中也包括从属于上帝之友中心（God Fellowship Center）的 Leominster 会议厅，这是一座环境敏感的、多用途的附属建筑］的设计目的都是为了创造一种具有“能与使用者形成一种互相交流的关系，并在这种关系中感知并创造意义”的建筑。

基思·米特尼克（Keith Mitnick）、米雷勒·罗迪尔（Mireille Roddier）和斯图尔特·希克斯（Stewart Hicks）作品的图片则被放置在一系列相连的木制斜面展板上，这种展示方法创造了一条强烈的视觉脊骨。他们位于安娜堡[1]的公司曾设计了许多住宅和小型的公共机构建筑，这其中就包括了 Burnham 竞赛的获奖作品——芝加哥的史波特斯学院。在创作中，他们始终在“空间与符号”的领域内进行探索，探索这两者之间的协调，也探索它们之间的不协调。这一课题在史波特斯学院这一作品中表现为：明确并创造一个能够满足多种预设用途的空间，并且不把其中的某种用途作为主导，而是平均地对待，从而得到一种新的建筑形式，这种形式尝试去颠覆把公共机构建筑解读为单一整体的传统观念。他们其他的作品，如具有不规则形状的俄亥俄州的 LL 住宅（LL House），

1 Ann Arbor，美国北部城市，属密歇根州。邻近美国第五大城市底特律——译者注。

通过空间重新诠释了家庭生活的新的文化模式。

罗利[1] 建筑师盖尔·皮特·博登的建筑探索在他的绘画、模型和铺满画廊墙壁的草图中表现出来，他保留了多达30箱的长5英寸宽3英寸的卡片，这些草图只是其中的一部分，记录了每一个方案的最初构思。博登的作品主要围绕着关于城郊景观的标准化、预制、系列性和图像。他的作品“橡胶带住宅”（Robber-banded House）的特点是一套由橡胶带套住钢索支架构成的、灵活可变的内墙系统。被命名为“体验”（experience）的实验性独立建筑系列在一组箱式基座上展出，这一系列探讨了门槛、通道、走廊、格架等概念。在博登的“城郊生活的20个设想”（20 Proposals for Suburban Living）系列（这是一组经济住宅，现正在进行完善以便付诸施工）中，他的实验性创作与实用性的设计得以互相融合。

来自纽约米洛比概念系统事务所的托拜厄斯·伦德奎斯特（Tobias Lundquist），和他创办该公司的合作伙伴米拉娜·科索娃（Milana Kosovac）设计了一面由磨成镜面的树脂玻璃箱子组成的墙，并借此探索了“语境的概念”。为了查考“展品本身和展示之间的悖论（parodox）”，建筑师认为，镜面墙使观众面对着两种可能性，一是通过反射周围的环境产生出的“伪装”；二是模拟“自我表现”的“自恋”。 这种混杂的解读表明了他们对于频繁的“在经验与诠释间的摆动”的兴趣，这种摆动推动了“寻找形式的过程”。他们的一些住宅建筑方案和商用建筑方案重现、重新配置或者重新包装了现存的建筑。他们的作品吸收了从技术、理论到大众文化的养分，贯穿着这些作品的是他们想要“开放地跨过工具、尺度和规则”进行设计的热望。

这些年轻建筑师对于“如果……那么”的回应展现了针对当代社会地域的、实际的、概念的转变与发展状况的设计手法。他们的许多作品具有革新意义，通过新的建造技术并将其整合为结构和形式的再创造方法。在不断寻找对“如果”的多种解读中，建筑师可以获得灵活地重新阐释由之而产生的“那么”的自由。

---

1 Raleigh，美国北卡罗来纳州首府——译者注。

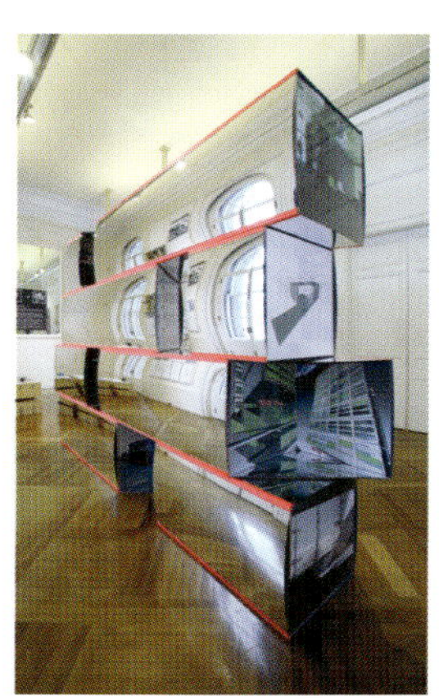

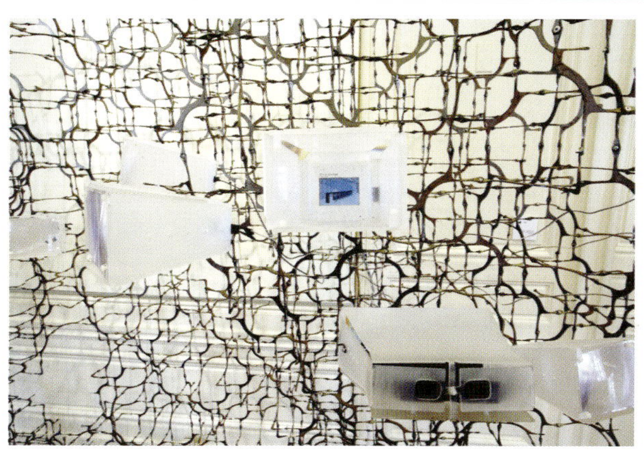

Recalibrating
Cultural
Geography

参赛者简介

费尔南多 · 罗梅罗在1998年创立了LCM事务所。该事务所致力于创造前所未有的空间，探索无人问津的几何形式，开发新材料并应用于通行的施工技术中。1994年罗梅罗任伊比利亚美洲大学（Universidad Iberoamericana）学生会主席，1995年从该校毕业。1997到2000年，任职于鹿特丹城市建筑事务所，现为纽约哥伦比亚大学客座教授。他获得过很多奖项，比如世界经济论坛颁发的GLT（Global Leader of Tomorrow 即未来世界领袖）奖。他也出版过几部著作，包括《ZVMV》[1]、《躁动边界2050》，以及《蓝色空间》。

汤姆 · 威斯库姆，洛杉矶建筑师。1999年他创办了EMERGENT事务所，这是一个致力于通过建造形式研究全球化、技术和材料学等课题的设计人员和技术人员的网络式工作团队。该事务所工作室的作品曾在世界范围内出版和展出过，并且最近作为特展内容参加了旧金山现代艺术博物馆的Glamour展示会。威斯库姆一直和蓝天组[2] 保持着密切的合作关系，他曾经作为这个事务所的首席设计师和项目合作伙伴长达10年之久。他最出名的获奖作品是与蓝天组负责人Wolf D. Prix合作完成的里昂汇流博物馆（Musée des Confluences）、慕尼黑的宝马世界[3]和俄亥俄州阿克伦城的艺术博物馆（Akron Art Museum）。曾就读于加利福尼亚大学洛杉矶分校（建筑学硕士）和伯克莱分校的威斯库姆还曾任教于南加州建筑学院、加利福尼亚大学洛杉矶分校和维也纳应用艺术大学，教授设计和技术。

Luz工作室于2002年由汉西 · 贝特 · 巴拉扎和安东尼 · 皮尔马林尼创建。他们的实践将建筑视为造就与再造就社会关系的动因，质疑日常经验的文化状况，借以启发创造力。他们俩都获得了康奈尔大学的建筑学学士学位和哈佛大学设计学院的硕士学位（巴拉扎是城市设计硕士，皮尔马林尼是建筑学硕士）。皮尔马林尼曾在波士顿为Kennedy & Violich Architecture[4] 以及它的材料研究分支机构MATx工作。巴拉扎曾为Office dA[5] 工作，目前在罗得岛设计学校（Rhode Island School of Design）任助理教授。

---

1 指墨西哥山谷中的都市地带，即西班牙文Zona Metropolitana del Valle de México，译为英文便是Mexican Valley Metropolitan Area——译者注。

2 Coop Himmelblau，1969年由Wolf D. Prix和Helmut Swiczinsky在维也纳发起的致力于建筑、城市规划、设计和艺术的团体，1988年在洛杉矶开设了第二个事务所——译者注。

3 BMW World，德国宝马公司集销售和体验为一体的大型汽车展示中心，于2007年11月落成开放——译者注。

4 1988年由Sheila Kennedy和Frano Violich在波士顿开设的建筑事务所——译者注。

5 1991年由Monica Ponce de Leon和Nadar Tehrani在波士顿创建的建筑事务所——译者注。

基思 · 米特尼克现任密歇根大学建筑学助理教授，在这里获得 2000—2001 年度的 Sanders 建筑奖学金（Sanders Fellowship in Architecture），还曾在加利福尼亚大学伯克莱分校任教。1995 年，他与现在同样也是密歇根大学助理教授并且在 2001—2002 年度获得该项奖学金的米雷勒 · 罗迪尔合作开始了他们的建筑实践。这两位合伙人都获得了众多的好评和奖项，其中包括 Graham 基金会[1] 的个人奖励和波士顿建筑师社团[2] 颁发的“未建成建筑奖”。米特尼克曾被罗马美国学院（American Academy in Rome）授予 Burnham 奖学金，而罗迪尔曾获得 2000 年度的加布里埃尔奖金[3] 和巴黎国际艺术城的常驻艺术家资助。斯图尔特 · 希克斯是密歇根大学建筑学专业的毕业生，现正在普林斯顿大学攻读建筑学硕士学位。

盖尔 · 皮特 · 博登在赖斯大学（Rice University）完成了本科学业并获得美术、艺术史和建筑学学位，然后在哈佛大学设计学院获得建筑学硕士学位。他曾为 Gensler 合作事务所[4] 和巴黎的伦佐 · 皮亚诺工作室工作，如今在北卡罗来纳大学设计学院担任教职，从 1998 年就担任博登合作事务所的负责人。1998 年以后，他的作品不断获得国内和国际赞誉，其中包括 the Watkins Traveling 奖学金，一项 Graham Foundation 的奖励、AIA 的奖项、若干教师奖项，以及 Chinati 博物馆基金[5] 提供的常驻艺术家资助。作为一个艺术家、理论家和建筑师，他的研究和实践一直围绕着建筑在郊区文化中扮演的角色而展开。

2001 年由托拜厄斯 · 伦德奎斯特和米拉娜 · 科索娃创立的多学科的工作室——米洛比概念系统创作了大量的从商标设计到建筑设计的各式各样的作品。该事务所获得了许多国际赞誉，包括《Solutia》、《Print》杂志、《ID》杂志等的奖项。瑞典人伦德奎斯特曾在斯德哥尔摩大学和维也纳的 HAK 就读，并获得南加州建筑学院的硕士学位，并曾在丹尼尔 · 里伯斯金（Daniel Libeskind）工作室、SCB 合作事务所（Solomon Cordwell Buenz and Accociates）以及 SOM 工作。米拉娜 · 科索娃在加拿大北部长大，并从 Dalhousie 大学获得建筑学硕士学位。在她获得电影和电视的布景奖项之前，曾作过多米尼克 · 佩罗（Dominique Perrault）、洛杉矶的 RoTo 事务所和弗兰克 · 盖里（Frank Gehry）的实习生。

---

1 1956 年以杰出的芝加哥建筑师 Ernest R. Graham（1866—1936 年）的遗产建立的基金会，旨在对从事建筑和环境规划的个人和机构进行奖励——译者注。

2 Boston Society of Architects，1867 年建立的旨在促进建筑实践的发展，并为提高大众对设计行业的理解而提供专业服务的非营利性组织——译者注。

3 Gabriel Price，西欧建筑基金会（the Western European Architecture Foundation）每年颁发给研究法国古典建筑和景观的研究者的奖金——译者注。

4 Gensler & Associates，由 Art Gensler 于 1966 年在旧金山创立的为各大工业区提供建筑设计、室内装修、城市规划、策略咨询及图像服务的事务所——译者注。

5 Chinati Foundation，Donald Judd 创立于纽约的一个当代艺术博物馆，1979 年动工，1986 年向公众开放。该基金会是独立的、非营利性的，由公众资助，旨在展览某一小批艺术家创作的大型、耐久的公共装置——译者注。

LCM事务所／费尔南多·罗梅罗

墨西哥城

该工作室的兴趣在于创建对于当今社会既适宜又可行的建筑，这需要对多种兴趣、野心、资源和计划进行诠释。在分析的层面上看，可以通过重新考虑和使用这些条件因素来创建一个明晰的系统，从而使得每个方案都能够充分利用其自身的独特语境。

该工作室的旗下汇集了各行各业的精英，他们合力为每一方案出谋划策并将其付诸实施。在设计阶段，我们广泛地从诸多工程师和顾问（他们参与了各个阶段的设计）那里采集信息，吸取经验。软件专家和设计师的合作，确保了我们所采用的是与每个方案的特定语境相适合的手段。

摆脱了固定概念的束缚，并在上述的密切关注语境这一原则的指导下，我们的建筑作品中，既有对现代主义（以计划和经济为首要考虑因素的“方盒子”）的诠释，也有基于技术创新与实验的更为动态的设计。归根结底，我们把人类看作是掌握了工具和技能的可进化的存在，从而对人类自身的现代性进行反思。

由于该工作室处在一个不发达的经济环境中，我们得以拥有独特的契机和挑战。这就是，持续地参与同世界的建筑对话，并同时充分地利用本国的地区优势——廉价的劳动力，通行的手工技艺以及对于再利用技术的全新运用。

玩偶之家

墨西哥城，2000–2001 年

这个狮子沙漠（Desierto de los Leones）[1] 的一个增建房间的工程，提供给 LCM 事务所一个实验设计程序和新建造体系的绝好机会。在这里所表达出的概念是一个连续性的表皮对其自身的包裹，限定出室内空间，并且产生了一条通往该建筑所在花园的坡道。

房间的内空间，可以看作是两个互不相关的时间点的碰撞——这间当代风格的房间作为原有的 20 世纪 50 年代现代主义住宅的附属，用于满足家庭扩展的需求（儿童游戏室）。这个房间采用钢筋肋骨结构，然后由一层聚氨酯泡沫（在内）和一层聚合物（在外）覆盖，形成连续、光滑的表面。

1 西班牙语为 Desert of the Lions，是当地的一个国家级自然保护公园——译者注。

1 形体研究
2 立面

1_
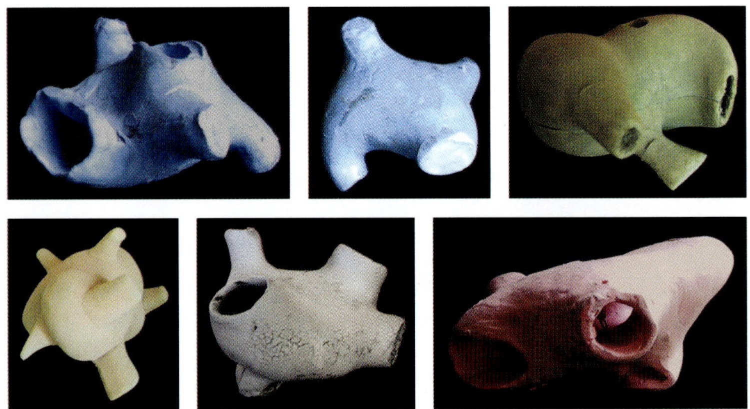

2_

3 最终形体研究，透视
4 骨架
5 到花园的出口

3_

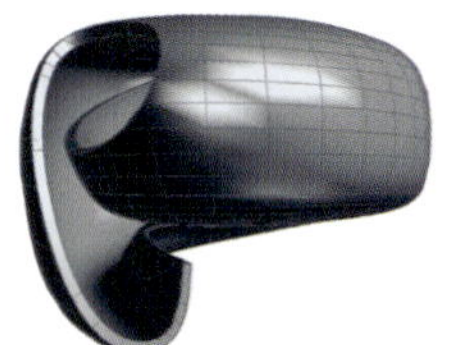

4_

5_

6 水平剖面
7 剖面
8 主空间
9 沿坡道向上看

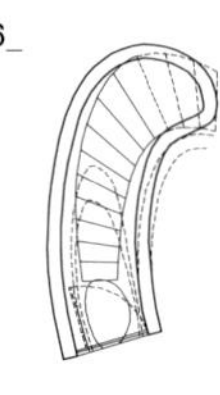

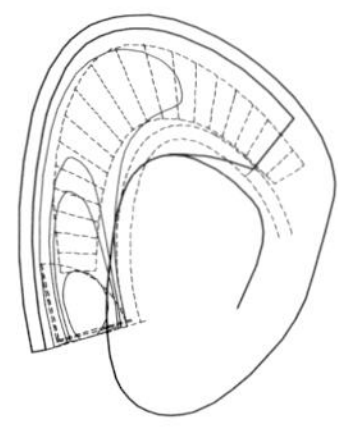

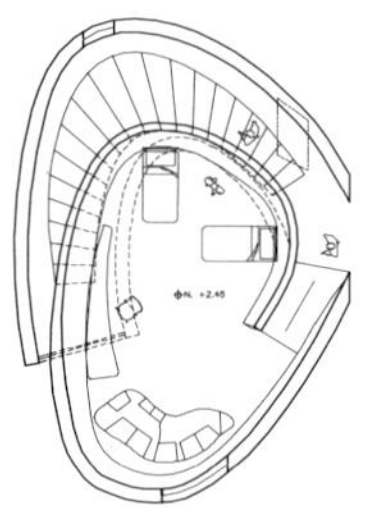

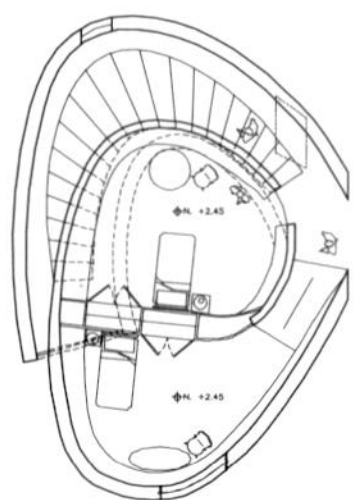

7_

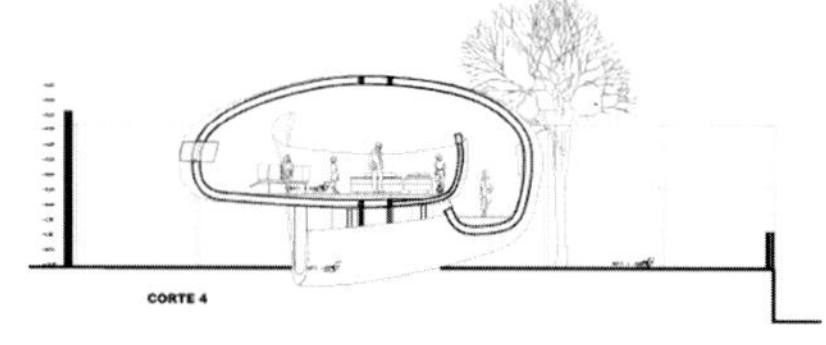

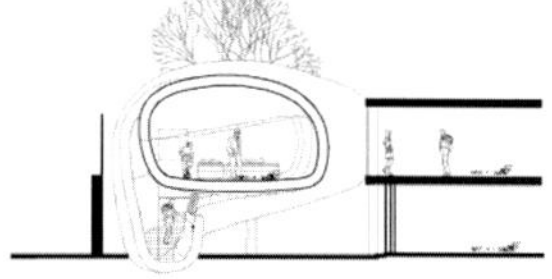

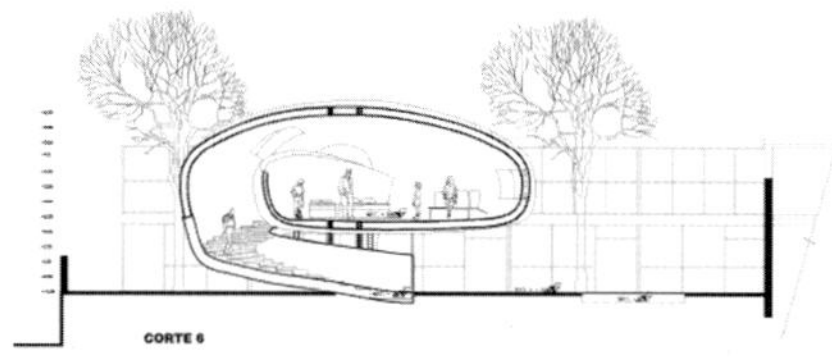

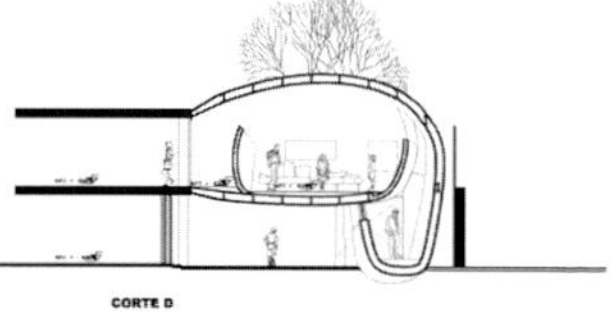

8_

9_

白沙之屋

墨西哥，盖雷罗（Guerrero），2001 年

这个住宅坐落在太平洋沿岸的一处私人海滩上，是一座假日寓所，一个大家庭能够在这里尽情享受海滩和周围其他景观带来的乐趣。依照当地的营造做法：传统建筑应该采用天然材料，比如石头，用 palapa（一种热带茅草）或 tejado（瓦片）覆盖屋顶。

设计概念是仅仅使用一个表面界定公共与私密。公共空间内置在一个包含有服务设施如厨房、更衣室和卫生间的实体中。私密空间在楼上，包括 5 个基本一样的卧室和 3 个各具特色的卫生间。

1 表皮图解
2 主空间边沿

1_

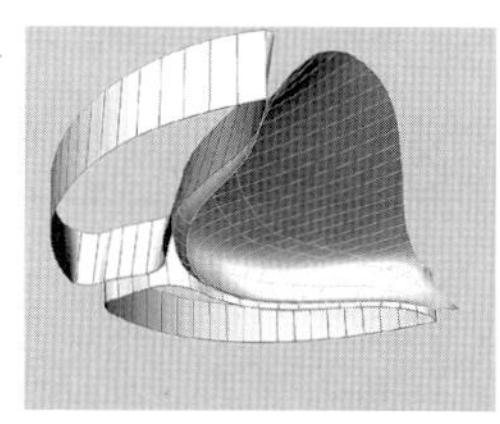

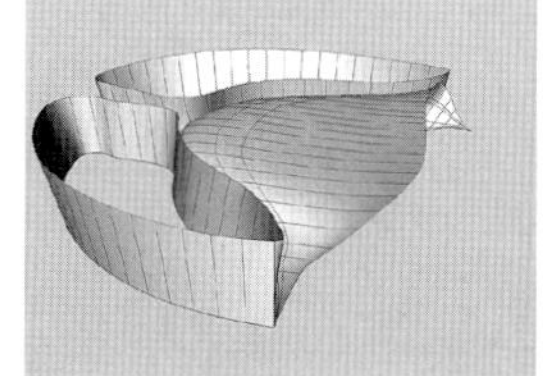

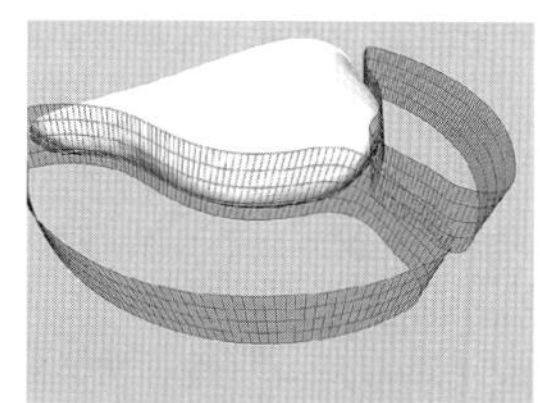

2_

3 立面
4 平面
5 沿楼梯向下看
6 小门厅
7 背立面

3_

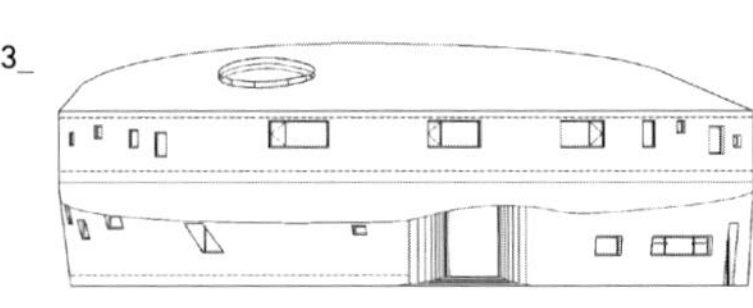

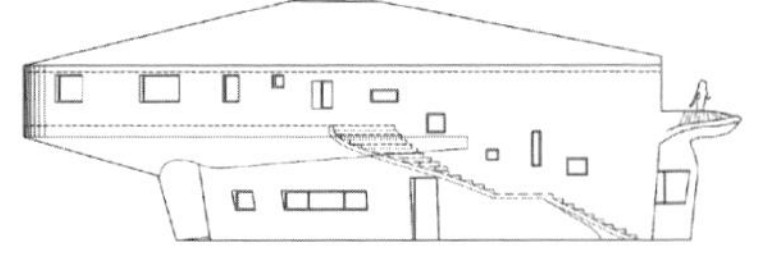

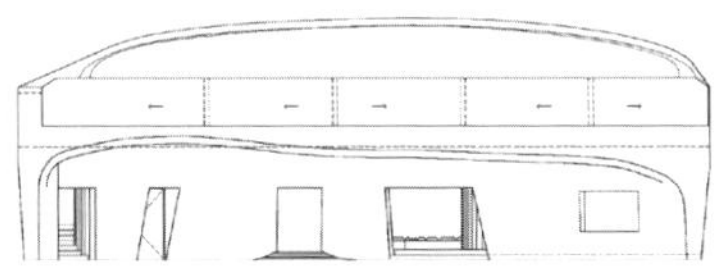

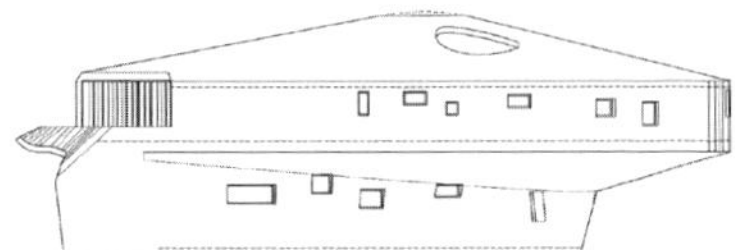

4_

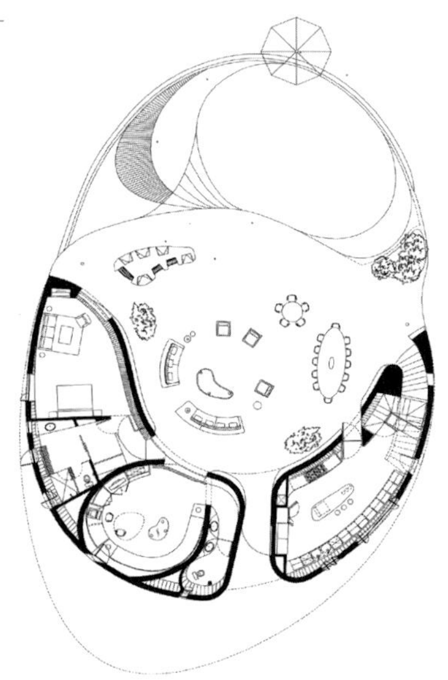

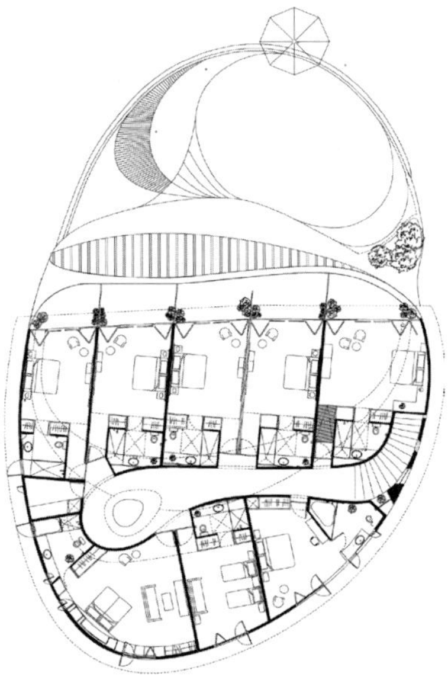

5_

6>

7_

8 公共空间
9 用餐区域
10 夜景

8_

9_

10>

五百人塔楼

墨西哥城，2003–2005 年

这个方案的理念是去建造一座具有连续性表面的有机建筑。该建筑的形状基本上像是一颗圆角的钻石。建筑由百叶窗覆盖，呈现出水平方向的静态和竖直方向的动态。

该建筑高 34 层，坐落在城中发展最为迅速的居住区。它拥有各种各样服务于居民的设施，比如会议室、桑拿室、游泳池，体育馆以及其他的休闲场所。公共空间和停车场设在塔楼的地下室。共有 102 套公寓（每层 3 套），每套面积 158 平方米，总面积约 27900 平方米，占地面积 2648 平方米。塔楼设有 13 部载客电梯、1 部服务电梯，以及消防楼梯。

1 图解
2 透视

1_

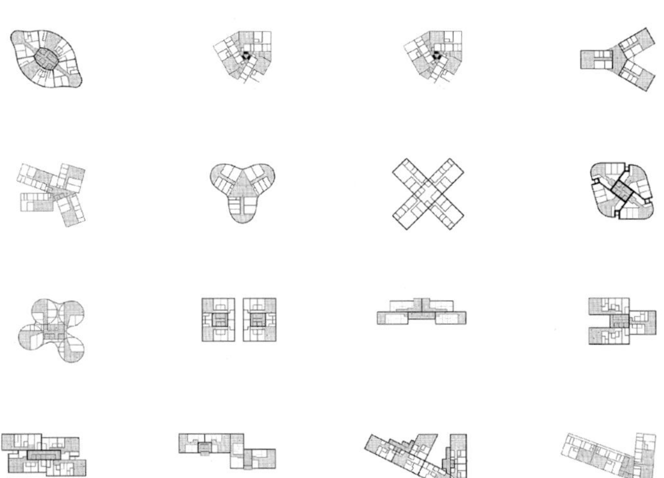

2_

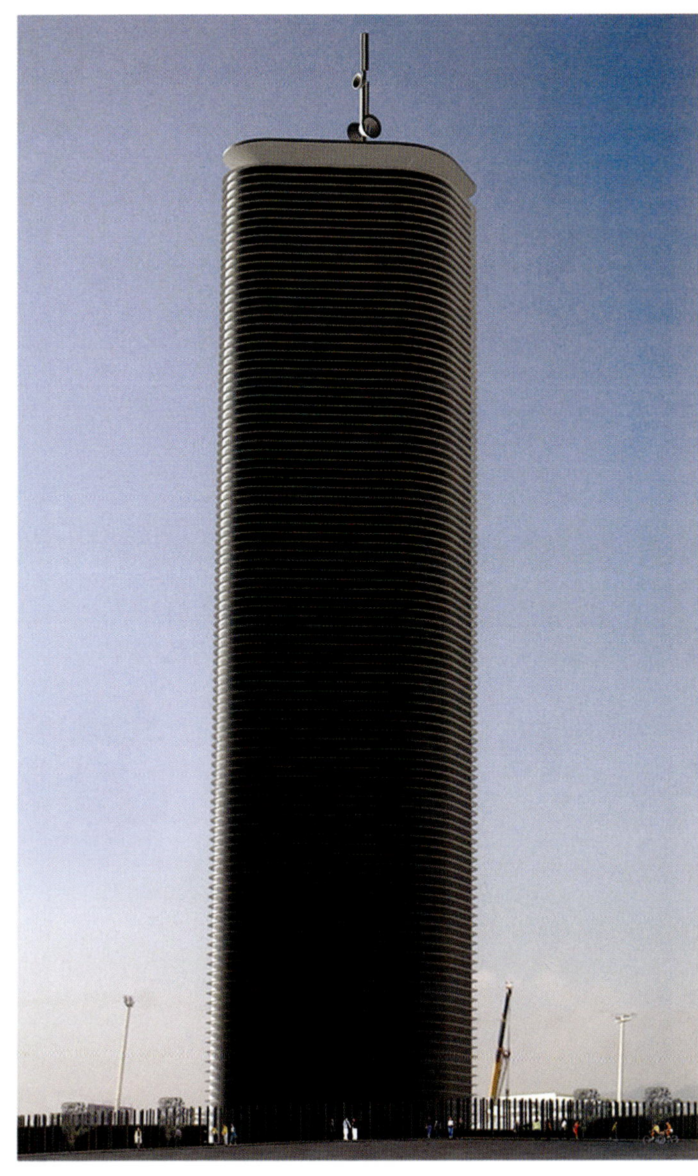

3_

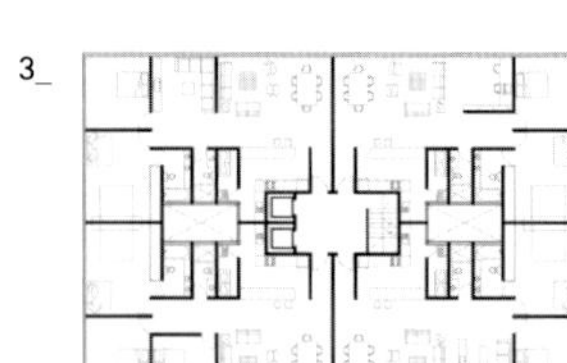

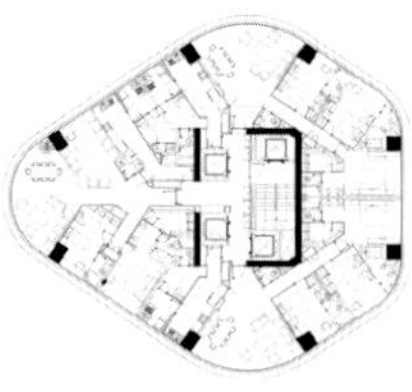

4_

5>

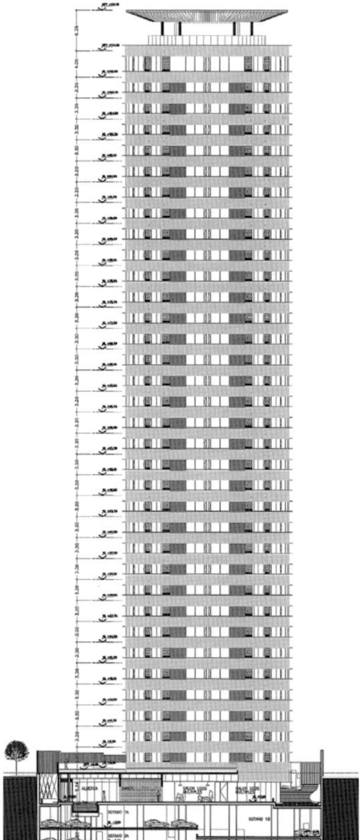

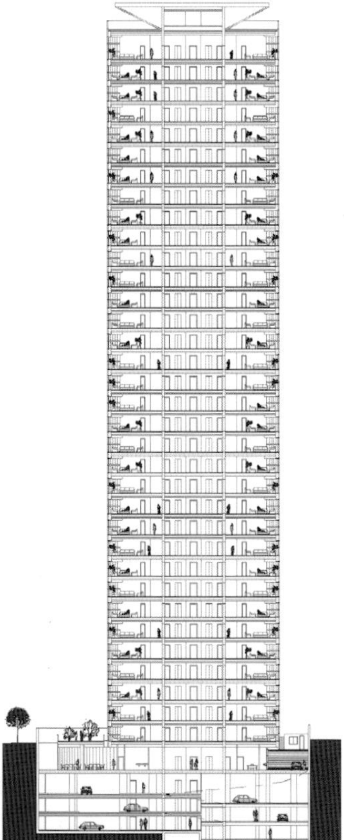

3 平面生成
4 立面
5 剖面
6 施工

6_

玻璃城堡

墨西哥城，2004 年

这座塔楼是墨西哥的新经济增长与新经济生活的产物。设计的出发点是，通过对建筑围护结构的处理，将环境的与语境的关系诠释为建造形式。这座综合功能的超高层建筑坐落在查普特佩克公园（Chapultepec Park），集办公室、酒店和商业空间于一体，这座新的“城堡”将改变该城市的天际线。

1 设计程序
2 第一次压缩
3 第二次压缩
4 最后的压缩
5 查普特佩克公园的景观

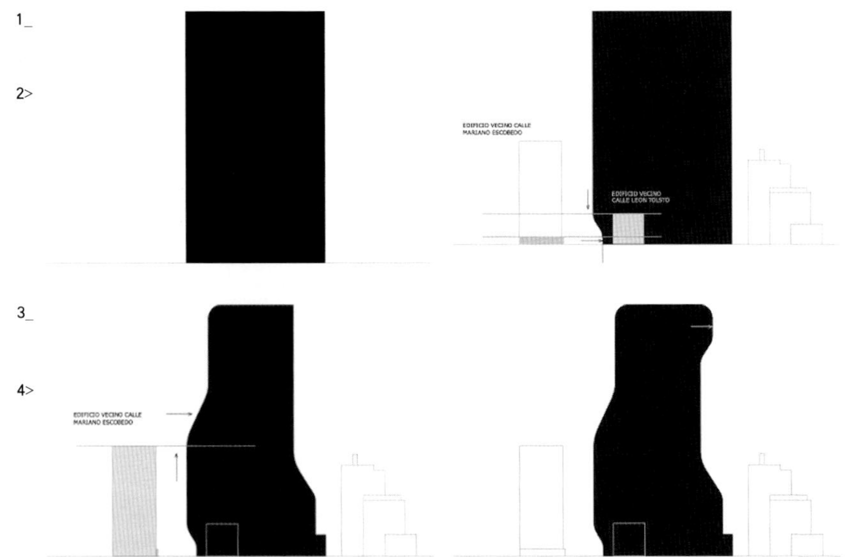

5_

滤镜玩具

日本，金泽，2003—2004 年

金泽的 21 世纪博物馆委托我们为博物馆的场地设计一座景观雕塑。我们决定使用现有的博物馆建筑的几何形式来制作一个可供儿童玩耍的连续、可变的构造物。最终形成的这个构造物既是透明的，又是不透明的；既是独立的，又是附属的；既是简单的，又是动态的；既是原始的，又是当代的。

1 概念图解
2 管状结构研究
3 基地场景

1_

选择盒子

布置每一个构造物朝向不同的方向

TANGENT MUSEUM
TOWARDS GARDEN
TOWARDS SKY
TOWARDS MUSEUM
TOWARDS WALKWAY
TOWARDS PLAZA

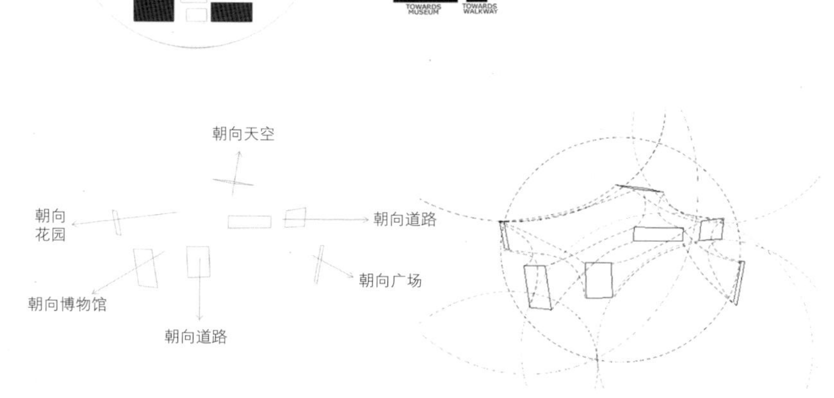

2_

3_

桥形茶室

中国，金华，2004 年

这是一个在中国的金华建造一个小型的城市结构体的委托项目。该建筑浮于池塘之上，以形体回应其周围环境。桥和茶室都是中国园林建筑的典型元素，而本方案便是两者的结合。桥形茶室具有既独特又混搭的结构，座位分别布置在五个不同的高度上，这使得每位顾客都可以在此体验只属于自己的理想饮茶时间。

1 开放结构的建造研究

2 透视效果

2_

EMERGENT事务所

1999 年由汤姆 · 威斯库姆创立的 EMERGENT 事务所致力于通过建筑形式来研究全球化、技术和材料学等课题。我们的工作主要关注的是通过对建筑中的批判实践和理想主义的消解，定位并利用动态的网状社会所固有的机会。

我们的手段更多地受到现代生物样式和商业模型而不是艺术的启发。生态和经济是进化的、交互式的、可恢复的，而建筑则显然缺乏这些至关重要的特性，但是它们在后工业时代的文化景观中对于建筑的生存又是不可或缺的。我们认为，未来建筑的宗旨不是“永不放弃”，而是“妥协”，也就是说，寻找方法去调节与包容差异性。因此我们的作品注重于景观、基础组织和网状结构的生长逻辑，而不是秩序、竖直结构和立面的过时的逻辑。

在最近的项目中，我们更多地把精力放在设计具有适应性的网状结构上而非实体上。这种网状结构能够在多重趣味和领域之间进行调和。它创造的是组合的优化而不是单个的优化：结构、机械和围护体系不再被理解为操作上的小心慎重，而是根据它们的能力去相互接纳并反馈，从而创造价值与美。这样的结果既不是变形的也不是功能紊乱的，而是协同作用、共同演进的。在自然科学领域，一些 20 年前就已经了解的事情现在开始启发我们的设计思维，并且促使建筑转化为我们所称的“建造科学”。

最使我们感兴趣的是“聚现”（emergence）现象。这种现象使我们领悟到：互不相关的形体、质点和体系如何能够通过意料之外却又稳定可靠的模式展现出它们的群体行为来。聚现组织（如蜂群或蜂巢）具有的生机盎然的美，绝不仅仅来自于生物学因素，这里面还有环境和气氛因素的作用。建筑物，不再是特质细节和形式层级的混杂堆积，而转变为不仅简单地包含着空间，还能够展现出行为的一体化模式或基元的排列（cellular arrays）。

在全球化经济的大背景中，建筑设计日益变得无关痛痒，甚至有时被忽视。正是在这种环境中，我们急需具有适应性的和生物学的思维方式。因此，我们感兴趣的不仅仅是把这种概念应用于设计方法论，还在于研究如何能够通过它来改变整个行业。这就意味着在建筑师、工程师和施工者之间建立合作关系，并探索制造、装配和施工的综合性新方法。

1 想象一下狼群。狼群之所以美，不仅仅是因为那是一群各自独立的孤狼，还因为这些孤狼组成了一个聚现性的整体。每当变故（比如猎物）出现，狼群便重组成为灵活多变的战术阵形。这种生物群体具有聚现性的特性：作为一个机动灵活的整体巡弋在各色各样的地形上，并通过多面同时出击智取猎物。这种群体的生存能力远远强于孤狼，因为它本能地计算并调节空间、速度和路线，组成协作的、双赢的组织。

2 黏液菌是一种聚现组织，它根据环境变化相机而动，转变其组织方式（化整为零）和行为（由植物变为动物）。它是德勒兹（Deleuze）“无器官身体（body without organs）”思想的卓越体现。

3 由基础网状结构和蜂巢系统转化而成的建筑组织。

（续见后页）

1_

2_

3>

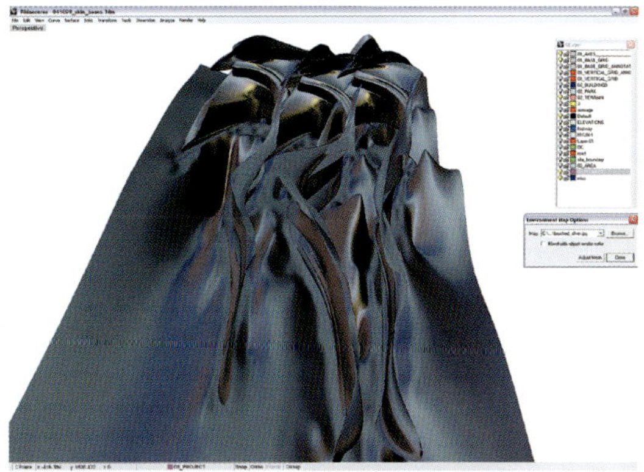

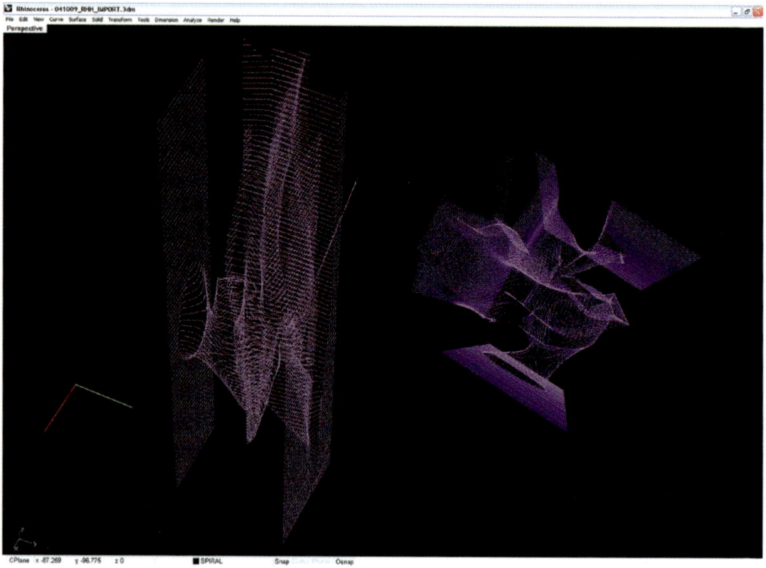

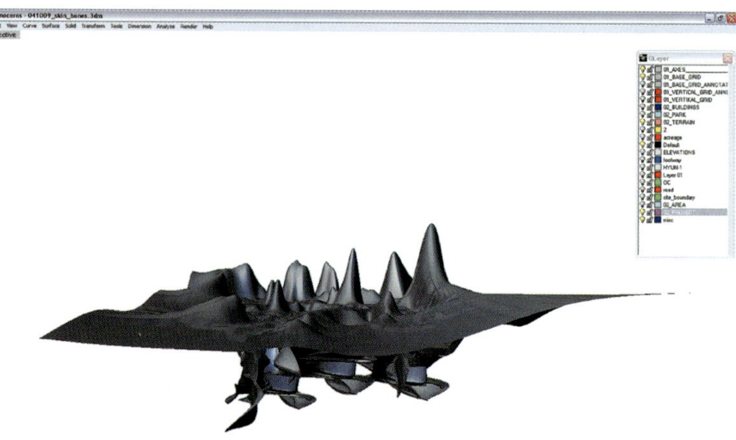
Rhinoceros - 041009_skin_bones.3dm
File Edit View Curve Surface Solid Transform Tools Dimension Analyze Render Help
Perspective
CPlane x -416.486 y 1100.494 z 0
03_PROJECT
Snap Ortho Planar Osnap

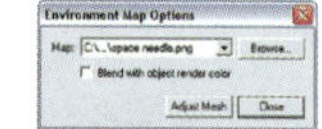
Environment Map Options
Blend with object render color
Adjust Mesh
Close

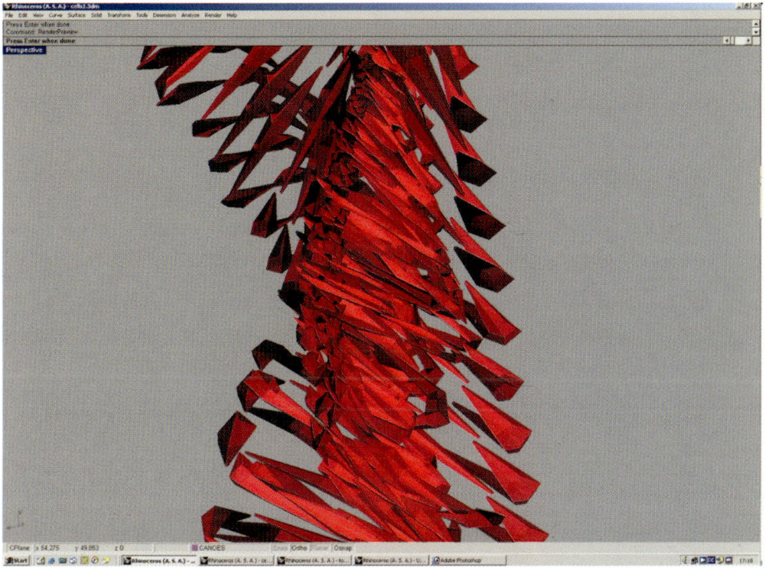

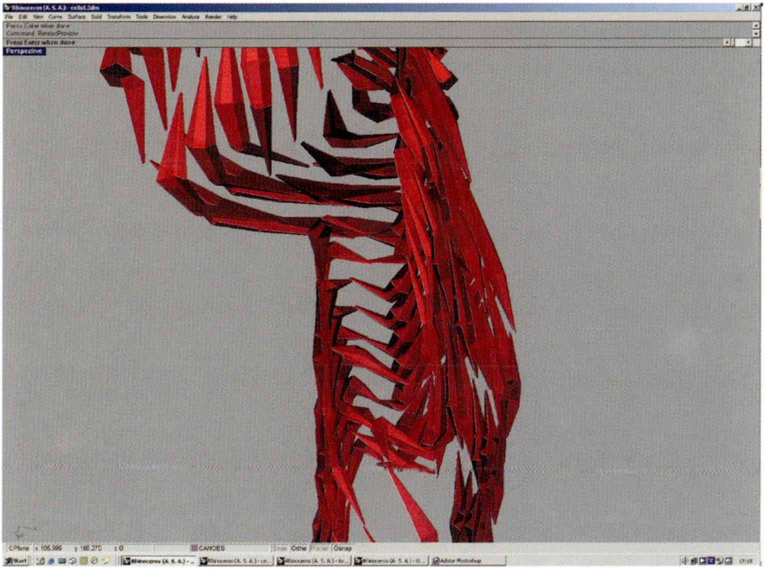

LAX 反对案 2015

洛杉矶，1999 年

为洛杉矶国际机场扩建工程设计的方案其实根本就不算是一种扩建。与其说去扩大那些已有的坚如磐石、自成一体的建筑（这是洛杉矶当局的规划方案），我们的反对案倒不如说是创建了一套由许多细胞单元构成的网状系统，这种分散性的系统时时向周围扩散。这里至少包含了 7 座机场，就是说这里具有容纳 1000 座像服务器网络一样运行的微型机场的潜能，它们共同承担飞机的起落量，调整跑道，调节起落时间和航道。它们的运行不是彼此独立的，而是动态协作的。

由此看来，我们的方案比起总体规划来更像是软件代码。每个机场细胞的精确的数量、位置和大小在城市景观开发的过程中必须被重新计算。这些细胞单元可以用作航空货运，国际交通和商务通勤的集散中心，每种功能都在它们能够以最优方式接入城市基础设施与跑道系统的地点发展。航空业中联合经营的航空公司，比如星空联盟，也可以开始自我调节，组织成独立管理、独立控制的细胞单元。

1_

2_

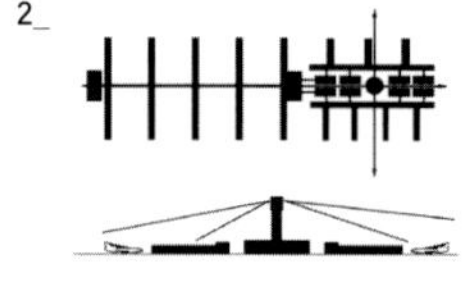

>>

>>

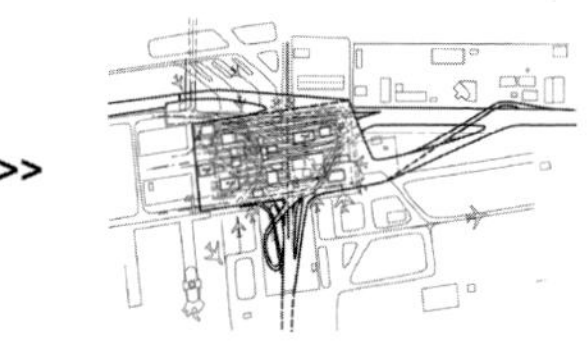

1 郊区风格的水平候机楼转变为都市风格的塔楼
2 线性发展转变为细胞组织
3 基础设施集中于国际性的细胞单元中
4 至少 7 座机场在 1 个微型多元网络中运行

3_

4_

Palos Verdes 艺术中心

洛杉矶，2000 年

在方案的设计工作开始之初，我们首先对这个竞赛计划的两个关键组成部分——雕塑庭园和大厅进行了研究。我们决定放弃将庭园置于建筑的后部、将大厅放在前方这种看似唯一的布局方法，而是把它们截然不同的功能交叠于同一空间内，以创造出兼具自然与都市特性的围合广场。这个广场就成为联结该建筑其他所有文化功能的组织节点。

为了调和开敞的景观和严谨的内部功能，我们设计了曲线的表面，这样既能够提供整体的连续性，也带来了将空间寓于条状用地的潜在可能。

1_

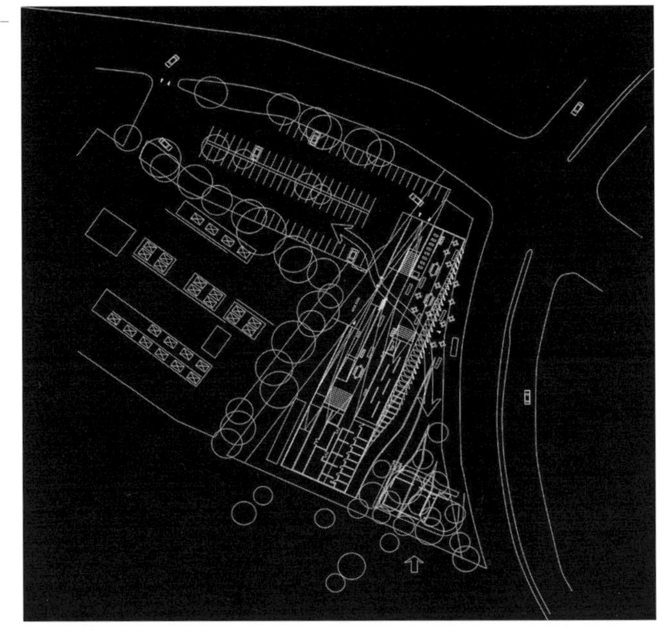

1　总平面

2　北向的透明表面显露出内部的雕塑庭园

3　由停车场通往主入口

4　条状地形被编织到建筑组织中

2_

3_

4_

微型复式住宅

洛杉矶，2001 年

这座住宅是基于批量生产的，通过由小型的可变的板状组合联结而成的网络来实现的。这些板状组合，也就是平直的铁板的大小符合普通的运货卡车和轮船集装箱的尺寸，这样建造和配送的过程就可以设计为一个前期系统。

这些板状组合遵循着简单的规则，将多样的行为和活动模式融合到它们的形式中，通过拓扑形弯折和扭曲来引导或捕捉物体、车辆和光线的流动。楼梯、窗户和门随之产生，而不是依据构造关系附加在建筑上。

这座住宅表现为连续不断的起居空间，是灵活的、随机而变的过程与实践的结果。它是抽象的机械组织，而不是勒 · 柯布希耶所说的“居住的机器”。

1 横向和纵向矢量互相转变从而产生平面的扭曲
2 互相联结的、灵活可变的单元可以生成流线、墙体或窗
3 住宅和景观的连续
4 嵌入室内花园上方的空间

1_

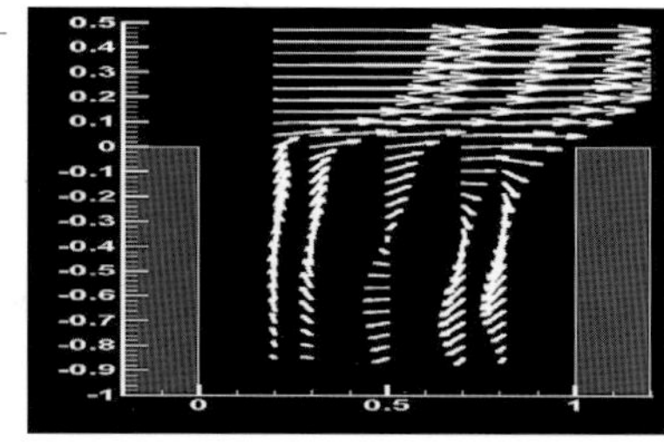

2_

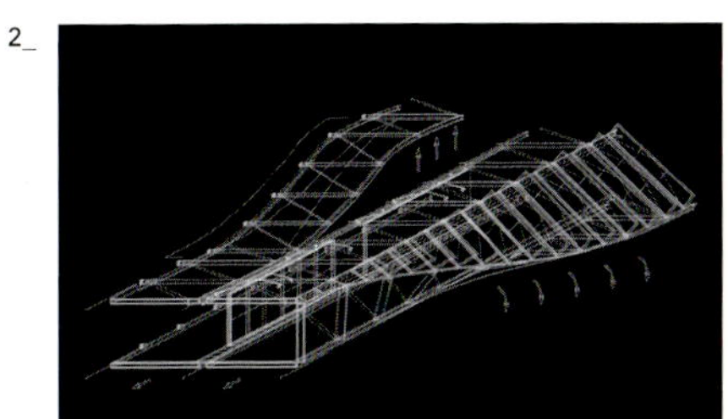

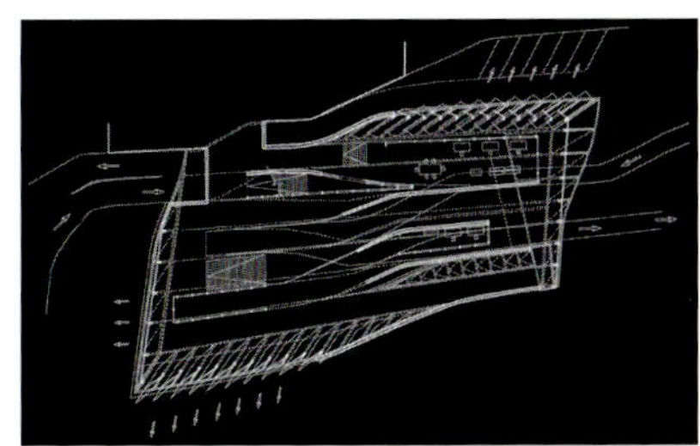

3_

4_

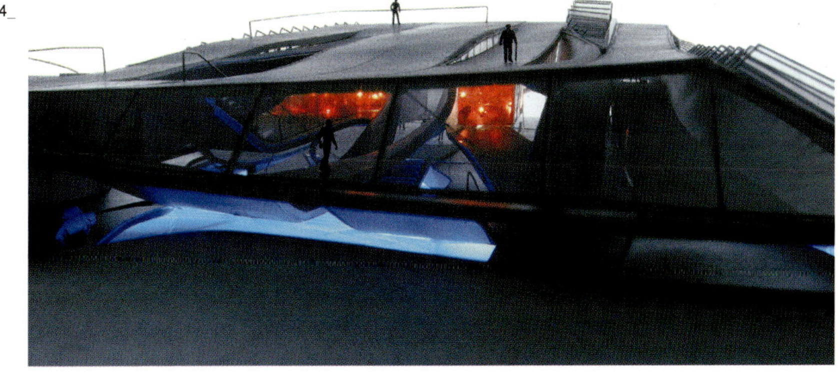

5 用于自然通风的北向开口

5_

辐射式水循环住宅

洛杉矶，2002 年～

这个方案是想创造各种建筑体系间的反馈，以跨越技术和空间感受之间的隔离。设计的目标并不仅仅是美化结构和机械设备，而是要通过转换和杂糅多种与结构和设备相关的行为来创造空间效果。

整个住宅以一条脊骨／管道为中心组织起来，这条脊骨／管道将结构、设备与流线整合为一个单一效能的建筑设施。建筑体系不再具有概念上的排他性或是彼此分离配置，而是被合成为一个流动的室内／室外的综合体。这条脊骨中包含有一个可逆的循环机械供水系统，可以从屋顶的水池把晒热的水向下导入屋内的散热板；夏季它还可以把傍晚凉爽的西风导向底层楼板，使它降温以便翌日使用。脊骨内的管道系统随机转换，在关键部位扭曲为结构支撑，或是平展开来生成斜坡和楼梯。每一个建造体系仅仅在与其他体系的关联中独立发挥其自身效能，像是处在生物的异位显性状态中。优化不针对任何一个独立体系，而是作用于彼此相关的所有体系。

这个方案是一个联系多重领域的界面，它不仅仅是一个设计实体，可能还是对建筑实践的新方法的探索。

1 在大部分的现代建筑中，结构系统和机械系统都是分开设计的，并被随意地拼贴在一起。而在辐射式水循环住宅中，这些系统就像是非洲大草原上的鬣狗和狮子，交织成为一种工程生态系统。

2 各个部分组成的网络可以成为管道系统、坡道或建筑的围护结构。

1_

2_

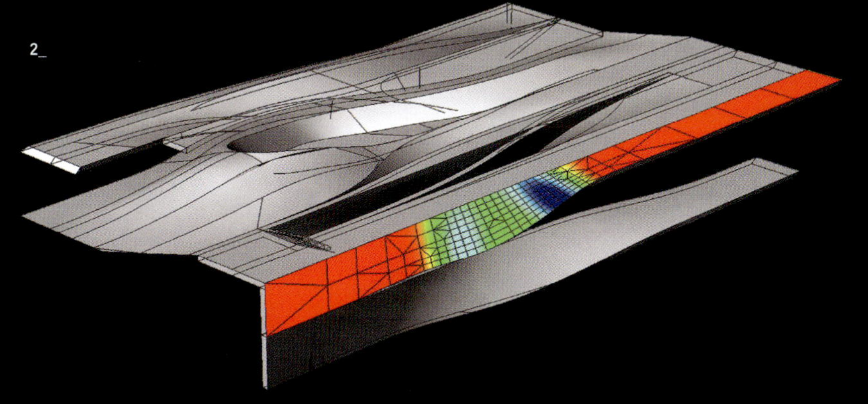

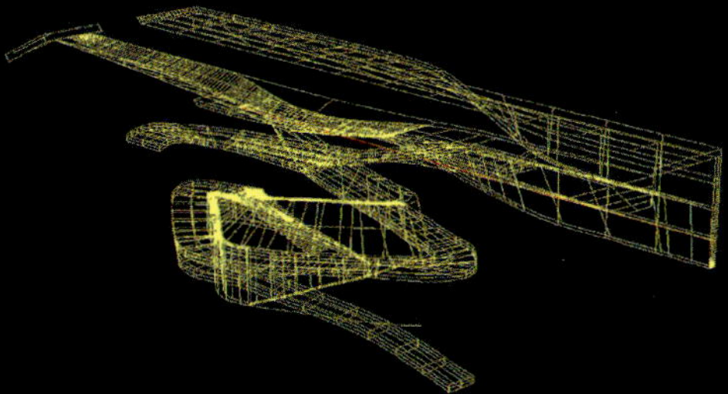

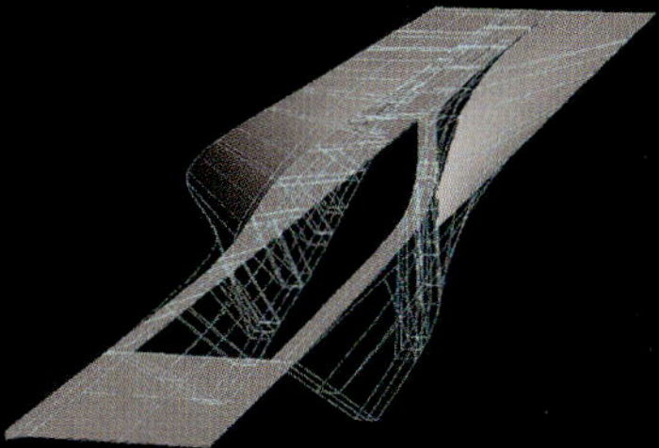

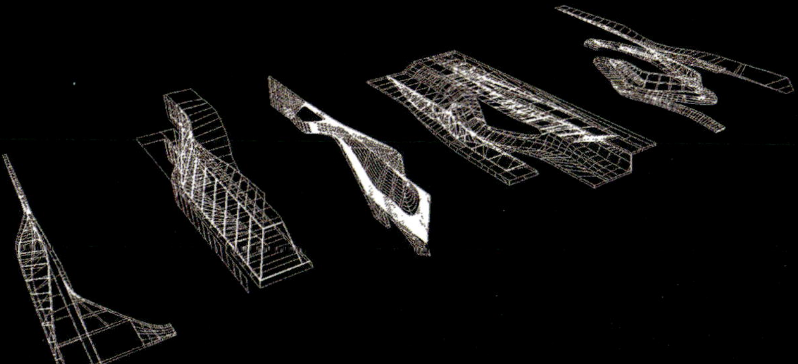

3 单一曲率的蛇皮状表面的生成

4 西立面

3_

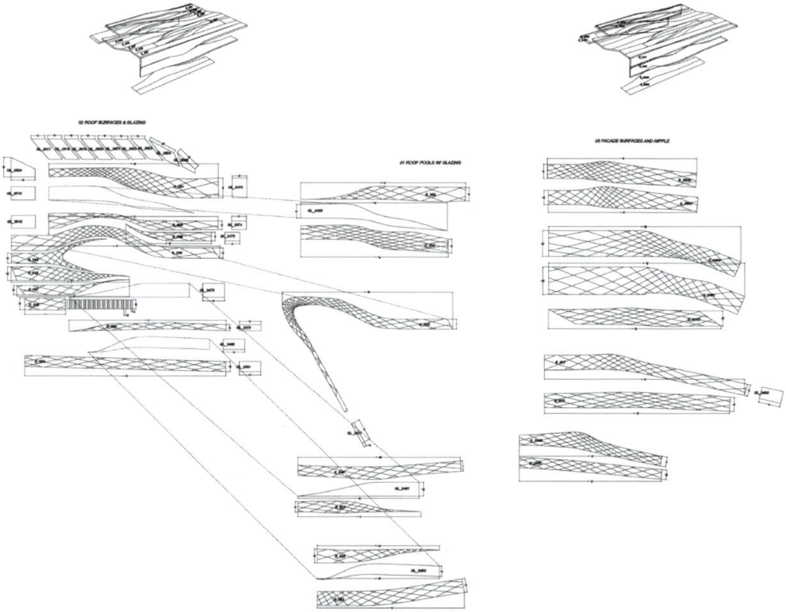

4_

5 细胞式水池结构的生成
6 管道 / 梁 / 楼梯 / 屋顶
7 辐射式水循环系统创造出的空间氛围

5_
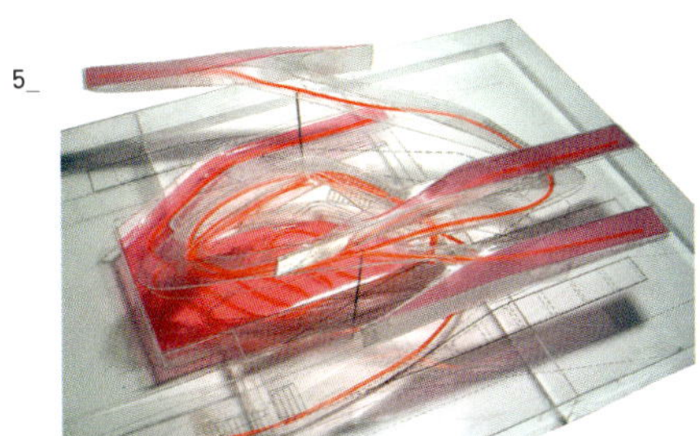

6_

7_

8 鸟瞰
9 东立面
10 旋风状的基础设施核

8_

9_

10_

纽约现代艺术博物馆/P.S.1 都市海滩

纽约，2003 年

与其说要去尝试把“都市”和“海滩”的表述拼贴起来，不如说我们设计的焦点在于创造一种空间氛围——在这里各种不同的行为，包括休闲的和文化的，能够同时发生。

本设计的与众不同在于它使用了两种处于动态联系中的元素——休闲景观和微型复式屋顶。休闲景观像大树的根一样，蔓延到 P.S.1 的庭院中，这里提供固定家具、休闲日光浴场和三个用于消暑的游泳池。这个休闲景观的一部分被设计成屋顶的结构支撑。

“微型复式屋顶”由蜂窝状的小而可变的单元组成，它们对竖直和侧向的压力做出反应并满足遮阳的要求。这些相互联系的单元作为一个系统发挥作用，获得了畅通无阻的大跨度，并且形成了有几分生态意味的结构。在晚上，进行每周的 DJ 表演时，这个屋顶就从遮阳结构转变成为发光体——伸展进入城市的水平灯箱。

这个设计着力追求的一个目标是把制造与安装整合进设计过程。作为临时性建筑，它的设计、制作和安装只有两个月的时间，我们的工作团队必须从概念设计直接跳到施工图阶段——是计算机建模软件使这成为可能。关键在于避免设计固定不变的形状，而集中精力创造一个能够完美适应结构需求、覆盖区域和项目计划的各种变更的体系。“微型复式屋顶”的单元系统适合于这一灵活性，使得我们可以在多个地点、由多个施工人员同时进行制作装配。五百块面板制作时全部经过计算，以保证具有相同的曲率，这样就使生成、水射流切割和运送的过程更加简易。如果我们当初采用传统的建造方法，而不是可适性的几何方法和计算方法来进行，这项工程则会既不可行，也不经济。

1 与自然的细胞结构相似：P.S.1 "微型复式屋顶" 的结构是以每一个单元与它相邻单元的充分协作为基础构成的
2 结构单元在演出准备时成为发光体
3 俯视屋顶的面板

1_

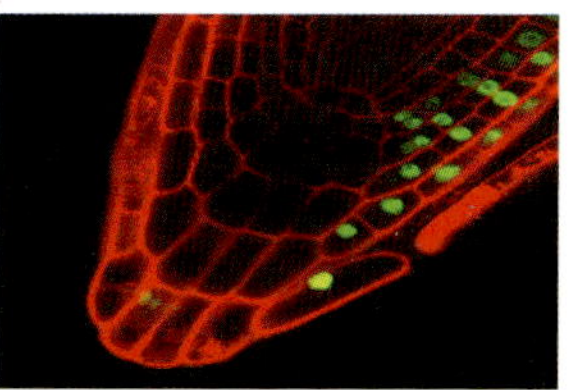

2_

3_

4 电脑控制的水射流磨平的规则表面
5 结构单元可以调整以适应于局部的瞬间压力和它们在蜂窝状系统中的位置
6 人流密度研究
7 结构单元成为光源

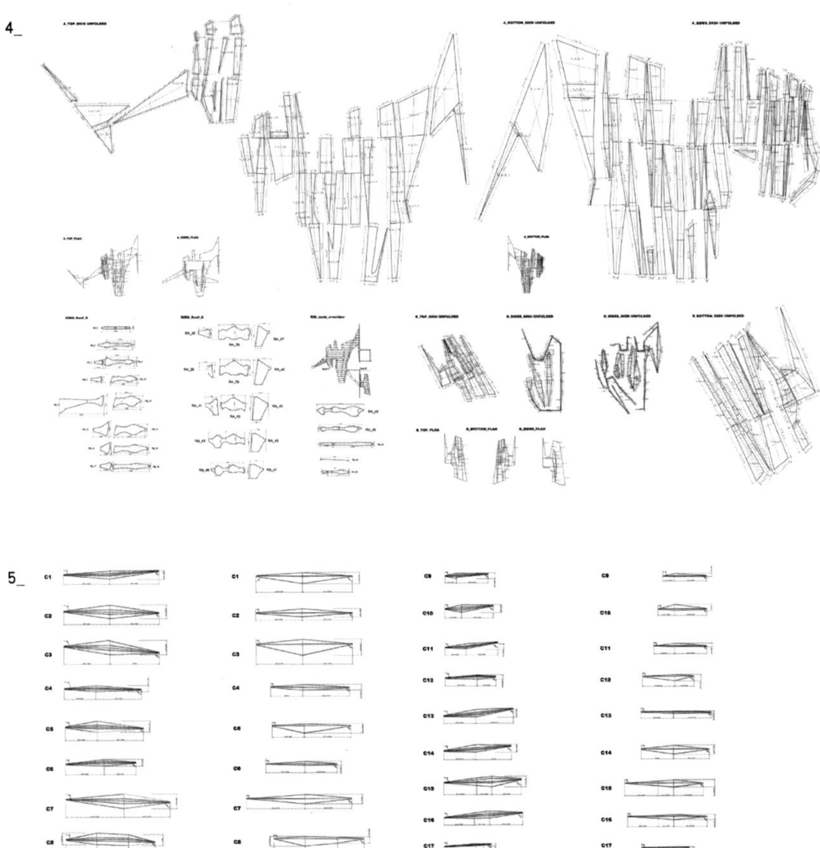

6_

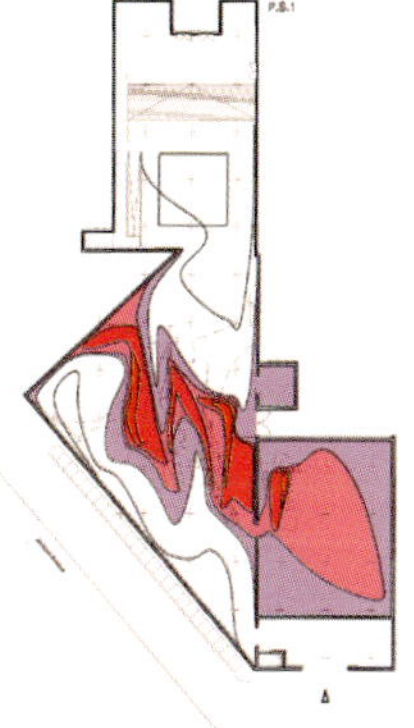

人流密度示意图：白天

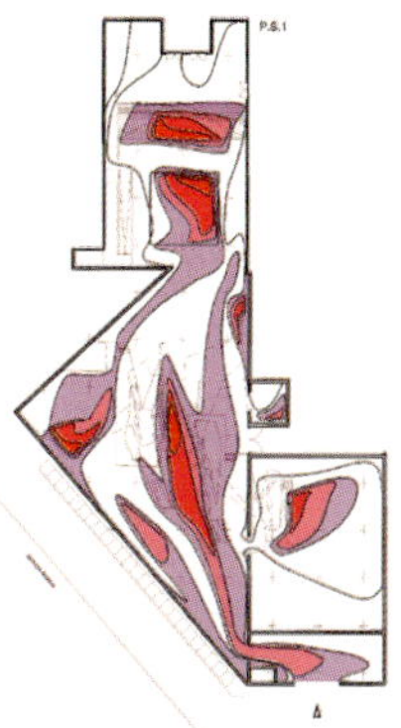

人流密度示意图：夜晚

7_

8 计算屋顶面板的曲率
9 电脑数控塑模研究
10 结构单元构成为整合的大跨度屋面

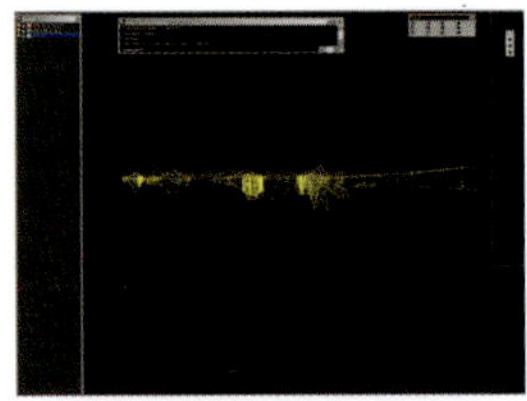

8_

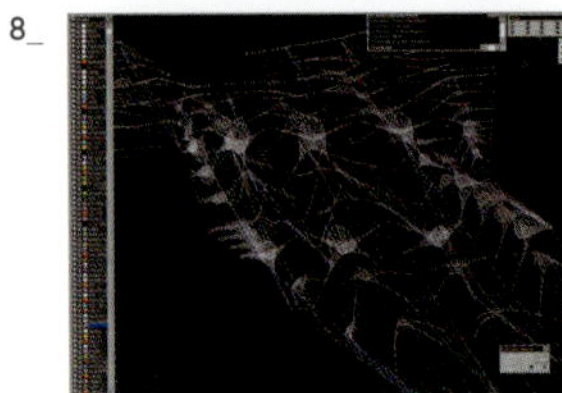

9>

10>

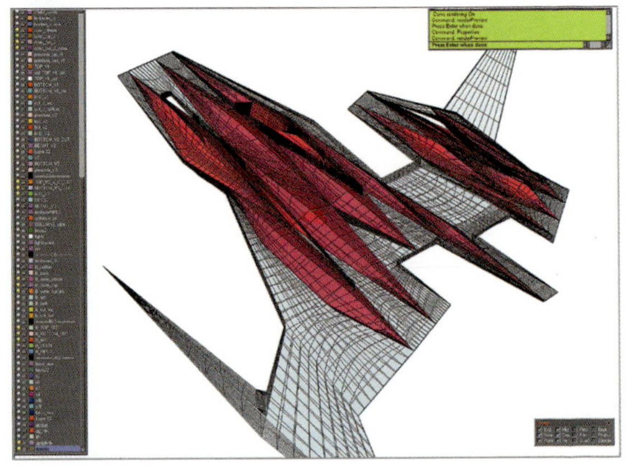

11 外表皮变得透明
12 总平面
13 演出准备：充实热闹的人工景观
14 包裹着结构单元的锯齿状表皮

11_

12>

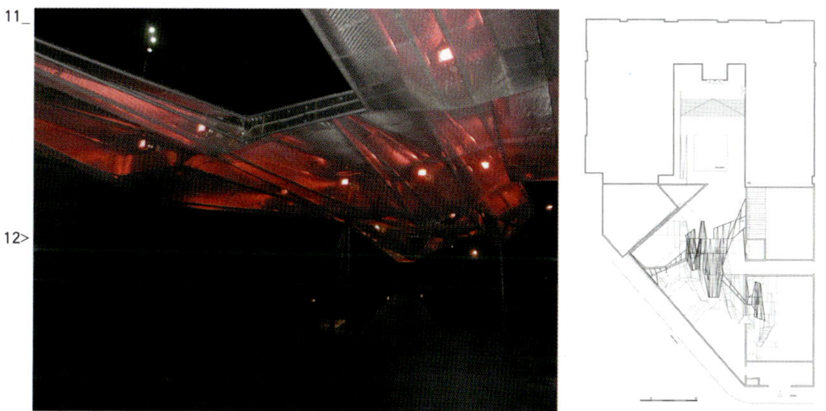

13_

14_

Luz工作室

在我们的眼中，我们的工作室是一个可以研究艺术的地方。因此，我们承担的每个项目都是对建筑—— 一种文化表达形式 ——的独特的探寻。我们从流行文化、地方手工技艺和抽象观念中汲取灵感，我们认为建筑是处在生产和再生产的社会关联的永不止歇的进程中。通过我们的工作，我们试图接入到这种关联当中，从而创造出某种意料之外的、焕然一新的东西来。如果建筑物通过接收和创造意义，在它与使用者之间建立起一种对话的关联，那么它就可以作为一种文化表达明确它与它所服务的社会群体之间的关联。

Luz 工作室在每个项目中探求可以促进交互性、新的表达模式和虚拟建造技术的良机。我们的作品观察并反应丰富多样的文化背景。这些作品的介入尺度各不相同——从今天在这里展示的信箱系统，到占地 13000 平方英尺的上帝之友中心。其中的一些项目在建筑、人和技术之间创造了无可替代的关系。比如，在我们陷入在全球资讯网（这对于它自己来说亦是一个文化符号）的今天，我们设计了一个信箱系统，这个系统可以用作网络界面、搜索引擎、视觉展示和“真实”邮件的分发中心。在设计一个休息空间时，我们提出采用传感器和发光二极管技术，这样环境照明就可以依照公共活动的密度做出反映，从而改善环境氛围。其他的项目通过吸引不同的使用者群体来提供社会支持，从而完成复杂的项目计划。建筑物——无论何种规模——只要找到能够确认和重新建立社会意识形态的途径，就可以激起变革。

如果…那么：支架、界面和展示

纽约建筑协会
纽约，2004 年

面对着"如果…那么"这一充满不确定性的竞赛主题，我们工作室借机对我们的形式生成、用地、设计程序、技术以及材料问题的解决方法进行了反思和质疑。随后我们的兴趣转向于去创造一种装置，在这种装置中，最终的建筑形式达到了作用和反作用的顶点。这应该是一个测试和挑战我们直觉的实验。依照自体相似的金属构架和一整套空间参数的逻辑，我们尝试做出一种既是雕刻支架，又可以展示交互行为的装置。我们设想这个框架从制造过程到参观者的主观介入，在本质上是对话性的。这个装置以及在装置内可以看到的其他展示作品，可以引起参观者的反应并对其产生回应。

项目团队： Michael Beaman

1 数字化模型研究
2 数字化草图
3 被照亮的观看装置
4 参观者与装置的互动

1_

2>

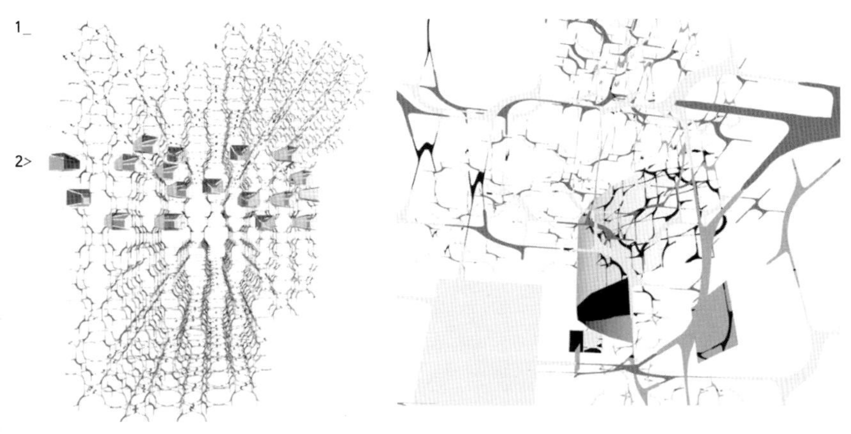

3_

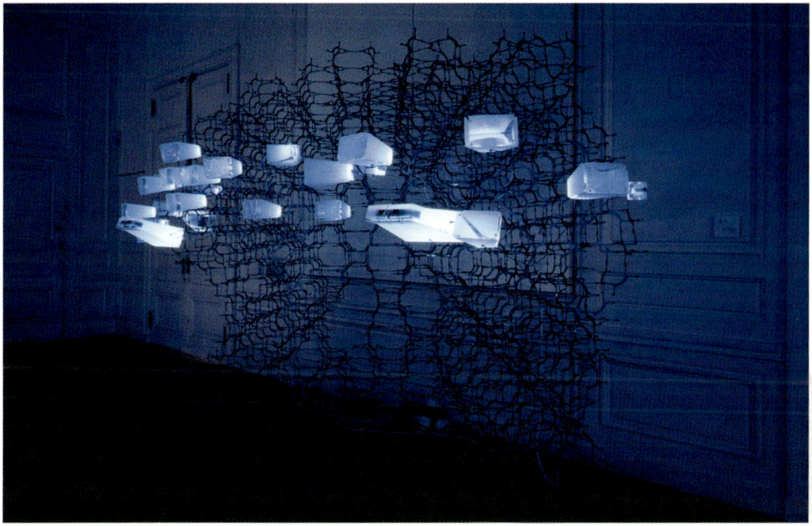

4_

5_

6_

5 支架的立面图
6 参观者与装置的互动
7 概念草图
8 制作过程
9 通过立体视镜观看的参观者

7_

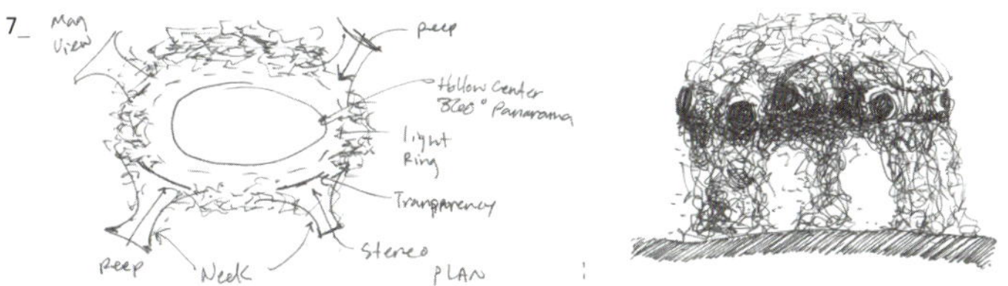

8_

9_

OM 吧

波士顿，2002 年

在 OM 吧的设计中，我们通过特别享有的个人空间的创造，或者说展示和设置，探索了什么才是所谓的 VIP 待遇。OM 吧以前是一家位于次级道路的银行的金库，现在则是一间坐落于波士顿闹市区的高级餐厅、休闲吧和晚间社交俱乐部。这里保留了它前身的一些元素，比如坚固的铁栏杆和重达 25 吨的金库大门。这间由银行金库改建成的休闲吧创造出了一种新型的半公共空间。只要身处其中，情绪、尊贵、放纵，还有诱惑和暧昧，都被放大了。

要进入 OM 吧必须穿过一道由白色金属小珠穿成的帘子。这道金属珠帘围合并确定了内部空间的形状，并且透过它可以在房间的周围看到 DJ 表演台和入口台阶，借此创造出两者间模糊的联系。在预设状况下，光线投射在金属珠帘上，形成光与影像的动态氛围。这一设计在空间创造上更多地迎合了个人的主观体验，而不是传统的大众消费观念。

OM 吧的地板和中心柱由半透明的材料制成——这种材料是水泥、树脂和再生玻璃的混合物，由此创造出变换的艺术场景以及浓厚强烈的环境光照。我们将这种材料灌进地板上适当的位置并凝铸在板材上来制成中心立柱和照明设备。

1 总平面
2 酒吧

1_

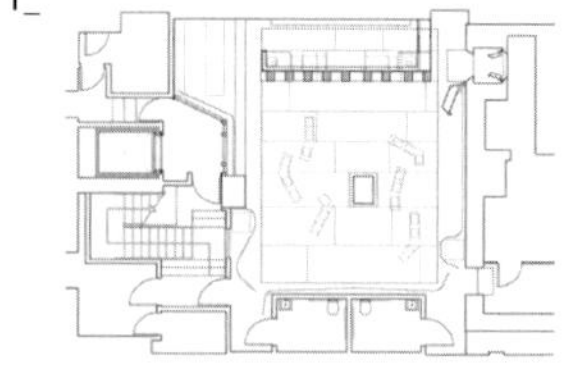

2_

3 细部：挂着发光珠帘的入口
4 细部：酒吧的薄片状玻璃顶
5 在入口处看俱乐部
6 餐厅全景
7 发光的立柱和酒吧

3_

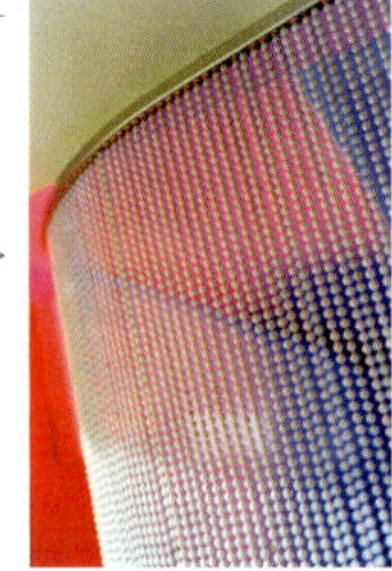

4>

5>

6_

7_

Diva 休闲吧

萨默维尔，马萨诸塞州，2004 年

形似泡泡的 Diva 休闲吧在我们的构想中，是一种经过温柔包装的触觉体验。我们在设计中探索了一种能够调节、改变、引导或容纳预设气氛的，并能够对使用者的密度做出回应的响应式照明系统与空间。我们采用了一种会“脸红”的建筑表皮：当有人聚集时，它可以产生云雾一般的迷离光线。通过运用低压 LED 光源，Diva 吧创造了一种多变而私密的休闲环境。

在 Diva 吧里，我们使用了一组建筑小道具来引发某种反应。这些小道具由苦艾制成——苦艾是我们从佛蒙特州（Vermont）的一片病死的胡桃林中抢救出来的。每一种小道具都体现了不同程度的精致。它们重新诠释了传统的主/客体关系，成为激活语言交流或是偶然的身体语言交流的精细方式的表演性部件。拿弧形的长椅来说，就可以让顾客根据不同的社会关系来选择不同的座位安排。

我们把卫生间构想为豆荚的形状，这样可以回应经常出现的排队等候的情况，并将这看做是休闲体验中一个重要的社交机会。每个卫生间都有发光的顶棚，有人使用时顶部就会微微闪烁。

在我们对外界的恐惧心日益增长的今天，消毒物品越来越多地介入到我们对外界的触觉体验中。在这里，作为促进身体语言交流的方式，顾客共同使用各种表面。这里的由柔软而饱满的薄膜塑料制成的带有苦艾靠背的长凳，使人获得被动的、不经意的触碰。这样设计的目的是通过结合某种诱人的材料和触摸的感觉来提升私密的气氛。

Diva 休闲吧的设计创造了这样一种建筑物，它关注偶发性的社交活动，同时为这种活动的发生提供机会。这个空间在对它的使用者卖弄风情的同时，也强化了休闲体验的本质。

项目团队：Michael Beaman、Jason Frantzen

1 灯具模型
2 入口透视

1_

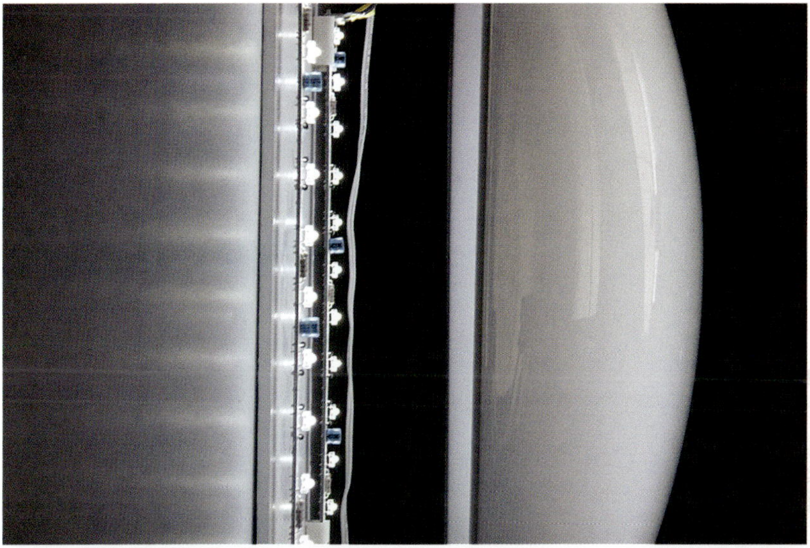

2_

3_

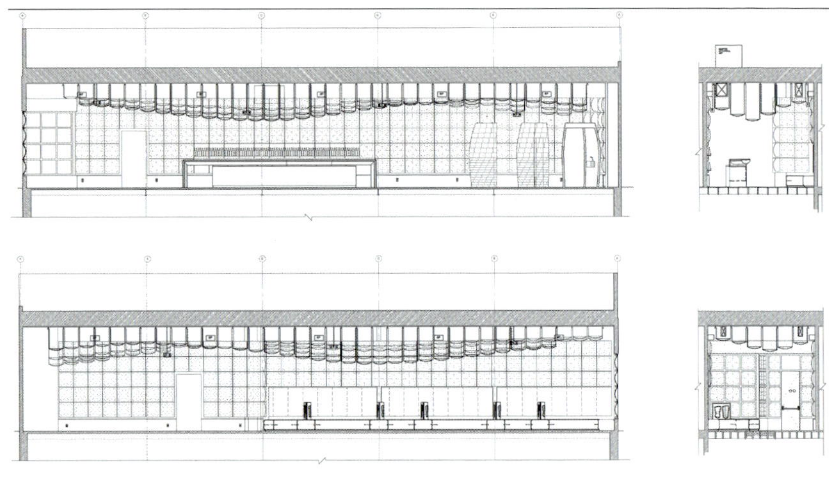

4_

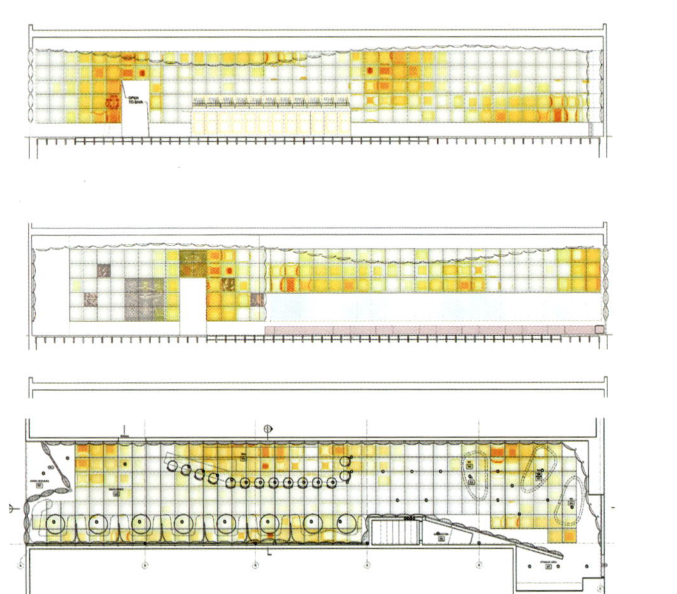

3 剖面和室内立面
4 室内立面和钢筋混凝土管／云雾状灯光效果
5 原木吧台的平面细部
6 在木材厂的原木
7 佛蒙特胡桃木制成的原木吧台
8 豆荚形状的卫生间
9 楼层平面

5>

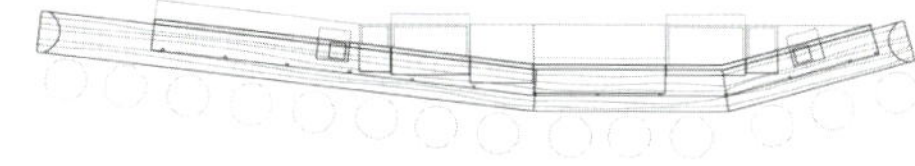

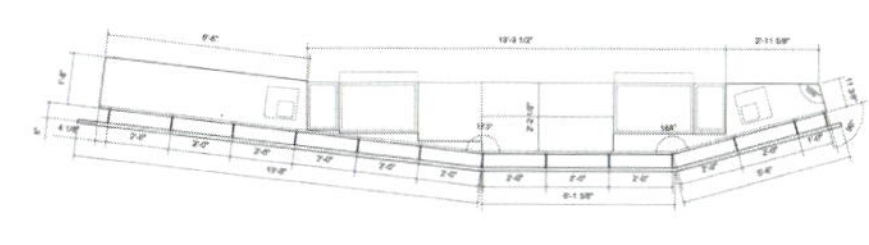

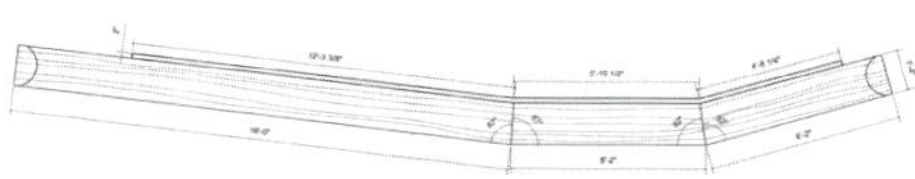

6_

7_

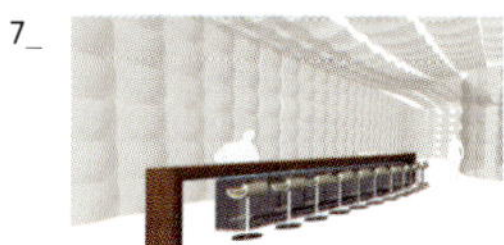

8>

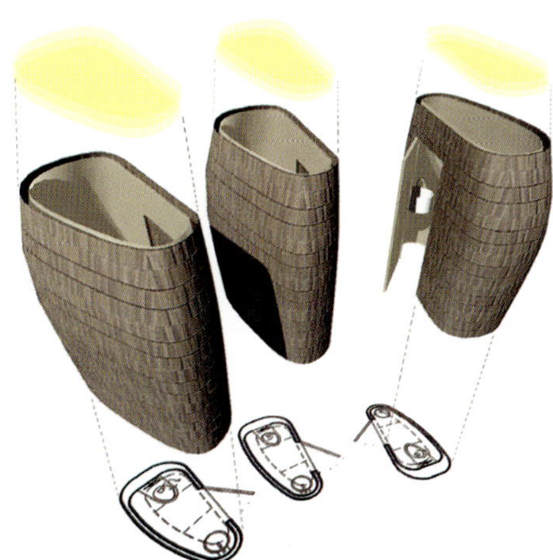

9>

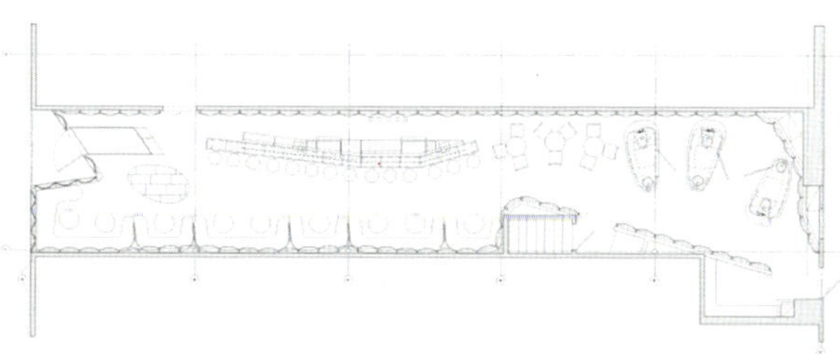

10_

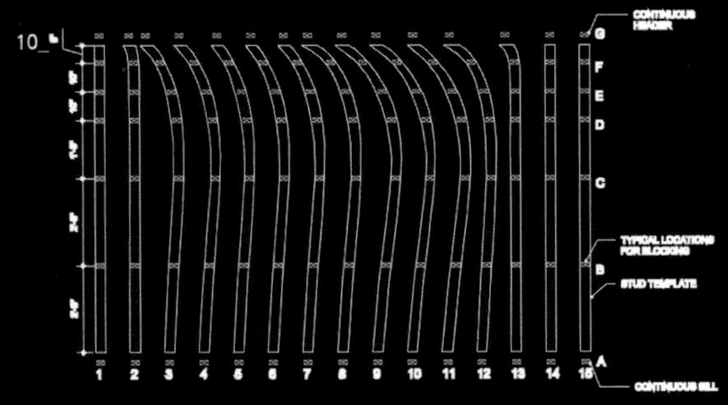

CONTINUOUS HEADER
G
F
E
D
C
TYPICAL LOCATIONS FOR BLOCKING
B
STUD TEMPLATE
A
1
2
3
4
5
6
7
8
9
10
11
12
13
14
15
CONTINUOUS SILL

龙骨 11
龙骨 12
龙骨 10
龙骨 13
龙骨 14
顶端框架环 G
龙骨 9
龙骨 15
龙骨 1
框架环 F
龙骨 2
框架环 E
框架环 D
框架环 C
框架环 B
框架金属板 A
龙骨 8
龙骨 7
龙骨 6
龙骨 3
龙骨 4
龙骨 5

TYPICAL LOCATION FOR STUDS
顶端框架环 G
(连续的)
框架环 F
框架环 E
框架环 D
框架环 C
框架环 B
底层框架环 A
(连续轨迹的)

11_

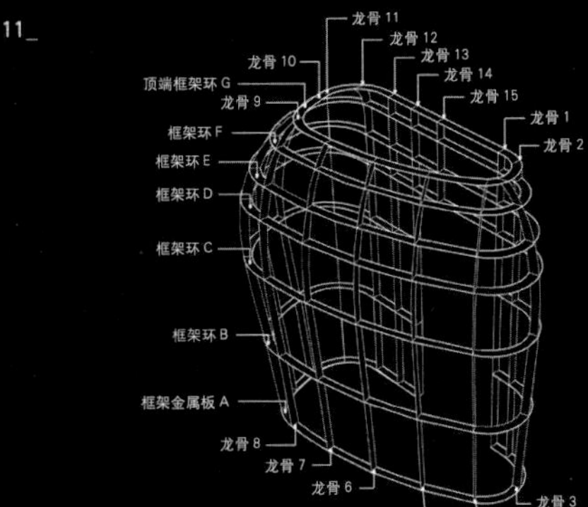

12_

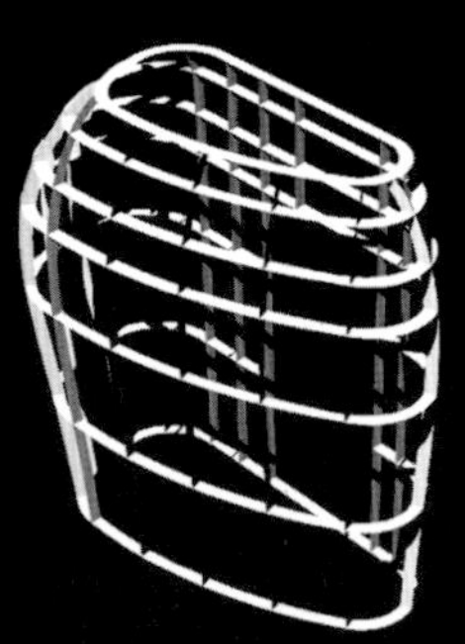

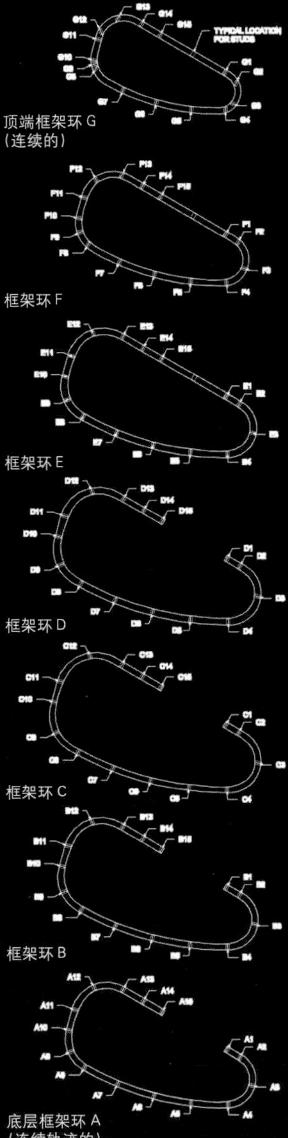

10 豆荚形框架龙骨的模板
11 豆荚形框架图解
12 豆荚形框架
13 宝石矩阵的展现
14 细部：发光的泡状墙壁
15 室内透视

13_

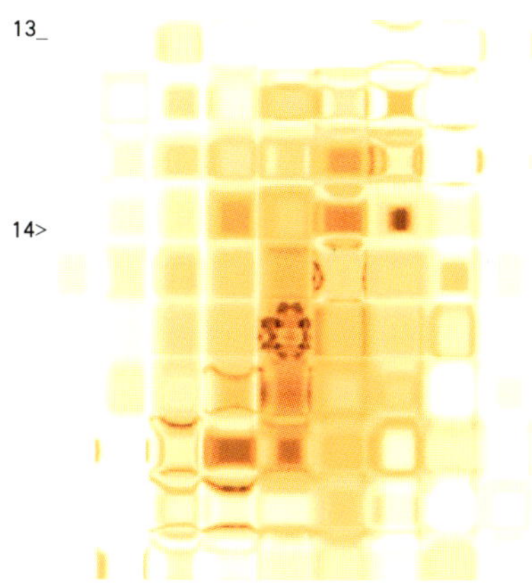

14>

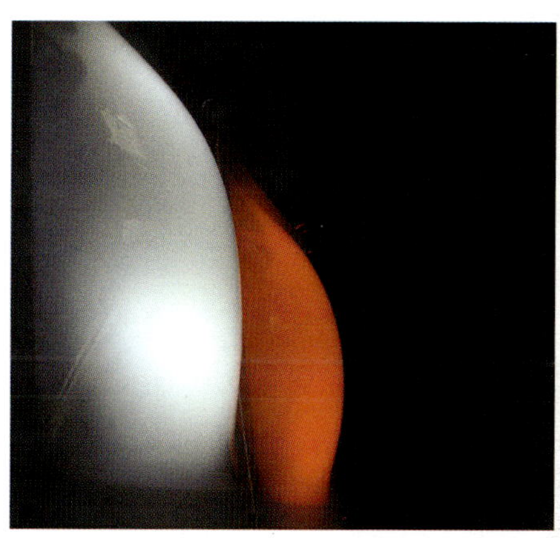

15_

W.O.W：门面范型

牛顿高地，马萨诸塞州，2004 年

W.O.W 是为一家女性服装店所做的形象设计。这家店出售当地工匠、织物画家和服装设计师们的作品，为消费者们提供了高档时装商店之外的选择。这里的商品和场景都是经过了精挑细选的、有趣的，表现出对于手工艺的健康品味和一种幽默感。每一种店面方案都努力去捕捉这种精神，在感觉上制造出一种建筑工艺品。

褶皱范型：我们把褶皱用作一种建筑手段，用一块纤维制的帷幔将窗户和入口分为许多段，再将各段摺叠起来。这种褶皱不但使店外的人对店内陈列的商品产生朦胧的观感，在西南方向的立面上还可以用作遮阳的多层帘幕。我们在研究了各种金属纤维编织物的用途后发现，它们的效果以及编织工艺也可以运用于其他店面。褶皱范型中隐含了家庭编织的某些观念，也有最新的数字化织造所用的可展曲面技术。W.O.W 三个字母像衬衫背后的标签一样悬挂在褶皱上，公然表示出对商业化的粗劣手工制品的挑战。这样的设计得出的结果是一个令人愉悦的标志突显了其中包含的零售业的本质，并创造出实用的建筑表达。

拼图范型：在外观上显得较为朴实，方案中设计的拼图板可以同时起到遮阳、商品陈列、标志和限定外边界的作用。这一多用途的覆面系统使用的是安装在不规则外框里的带槽口的聚碳酸酯薄板。这些薄板组合在一起，可以开大小不同的洞口陈列商品，并且通过改变反射的光线来使外观立面富有生气。这一薄板系统一直延续到停车场，围合并限定出入口处的庭院。

项目团队： Charles Austin，Jason Frantzen，Bukyung Kim

1 立面和平面
2 褶皱细部

1_

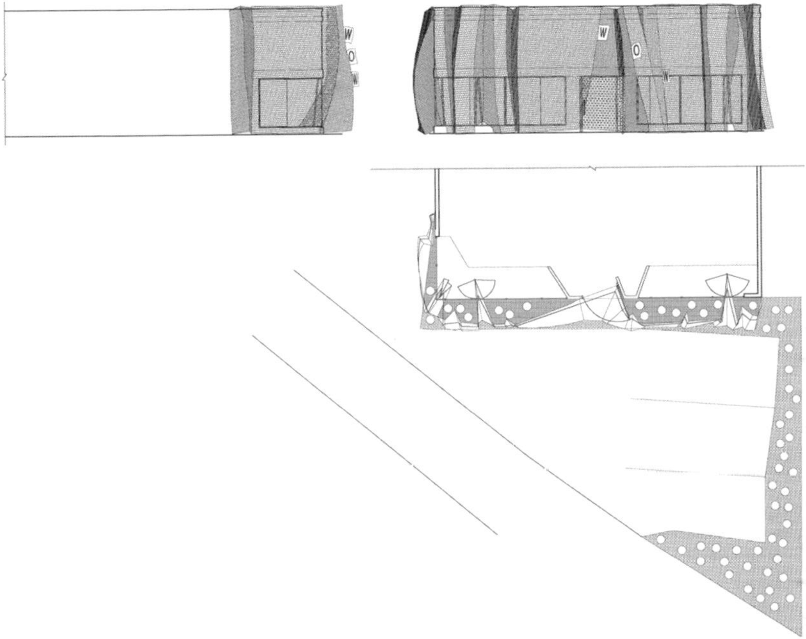

2_

3_

4>

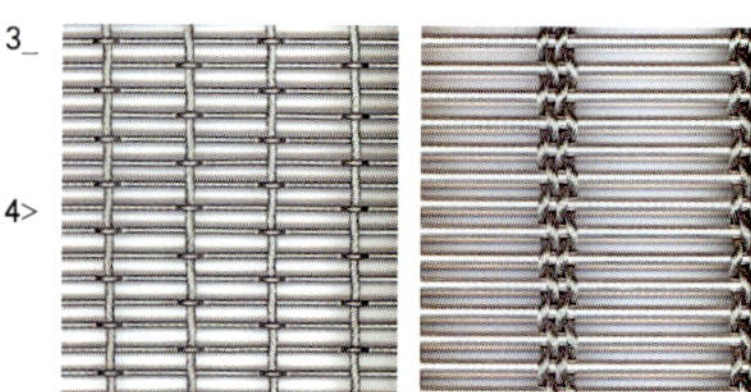

5_

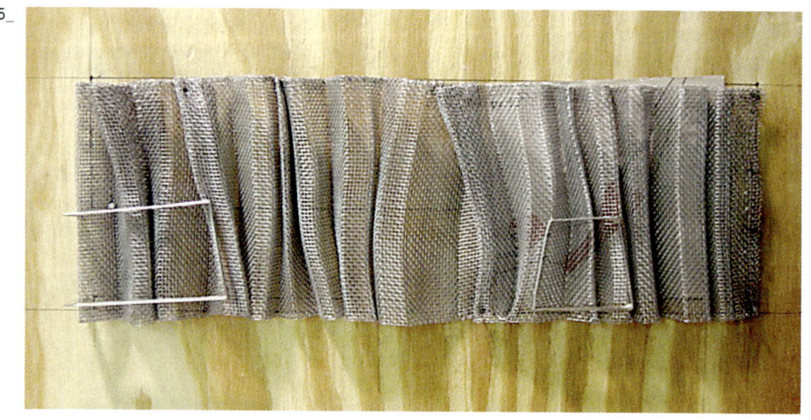

6_

3 Omega 织法
4 Sambesi 织法
5 立面研究模型
6 转角细部
7 拼图范型：拼图板关闭
8 拼图范型：拼图板开启

7_

8_

9_

10>

11>

12>

13_

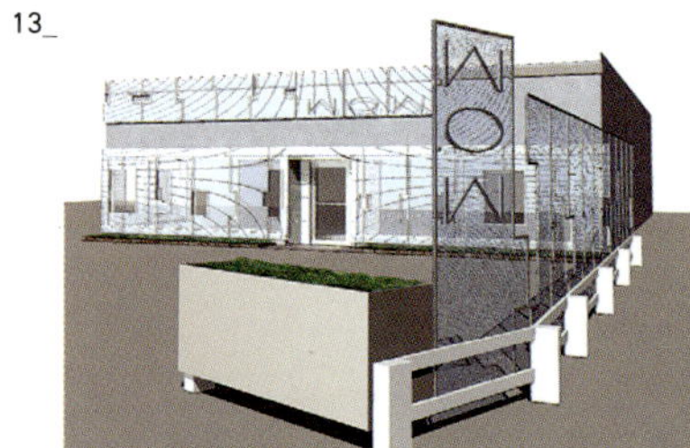

14>

9 日蚀纹样的面板
10 气流纹样的面板
11 石膏面板
12 聚碳酸酯薄板
13 街道转角视图
14 拼图范型店面，已建成
15 使用了彩色拼图板的店面
16 商店入口，已建成

15_

16_

信箱系统

哈佛大学设计研究所，建筑系
剑桥，马萨诸塞州，1999 年

在互联网时代，真实信件的未来越来越值得怀疑，常规的信件分发系统的未来也同样受到怀疑。文化价值的新符号是相互关联的。本方案探讨了一种次元结构（meta–structure）的潜力，能够在发挥传统信箱作用的同时探索新类型的可能性。

对应于每一个学生而排成的阵列，传统的信箱系统蕴含着一个独一无二而且令人激动的意义：集体。在仔细考虑了传统信箱系统在电子技术方面的劣势和作为一种物品收集器的独特性后，我们尝试重新建立这种系统类型。我们设计的信箱系统运用两种交互模式——传统模式（一面由差不多 320 个信箱组成的钢质墙壁）和数字化模式（发光二极管矩阵）。设计的目标是要使它成为学生生活中重要的、不可或缺的要素，不仅可以接收信件，还要超越这一传统的被动性职能——可以发送电子信号。

这个方案装配了一个 16 × 20 的发光二极管矩阵（每个信箱都配有一个）。该矩阵连接到一个终端，并通过这一终端与学校的数据库相连。数字化的系统可以承担各种各样的工作，但其程序又是可以重编的。它可以只是去做一些实际工作，比如确认某个信箱子集（一个班级，一个兴趣小组，或一支足球队）的信箱，也可以只是作为变化的视觉展示。计算机界面允许使用者选择他需要的学生组群，而他一旦选定这一组群，与这一组群成员对应的那些信箱的二极管就会发光。还有更加复杂的用途，包括通知用户有新的电子邮件或信件，以及发布公共信息。这种经过扩展的系统应用于定位与联系的可能性是无限的。

钢质墙壁的形状和结构是同时确定的。我们从一个三维 CAD 模型中直接提取出了这些原始钢板的数字模版。这些钢板在边缘处由钢钉连接起来，构成连续性三维表面。这面墙壁是作为一个完整表面使用的，它在水平方向和垂直方向延伸的边缘保证了结构的完整性。

项目团队： Michael Cosmas

1 “插入式”托盘系统

1_

2 标准信箱
3 信箱大样图
4 有发光二极管组成的鱼的图案的立面
5 与墙壁相交处
6 线条模型
7 走廊透视

2_

3_

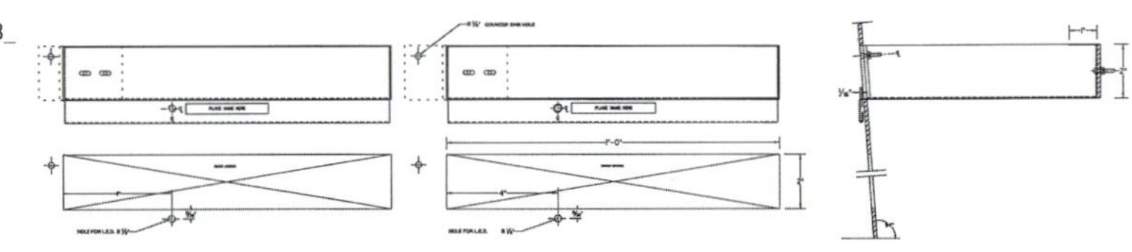

4_

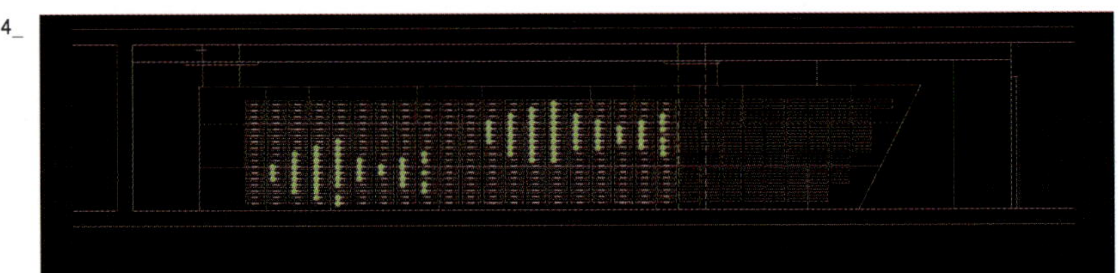

5_

6_

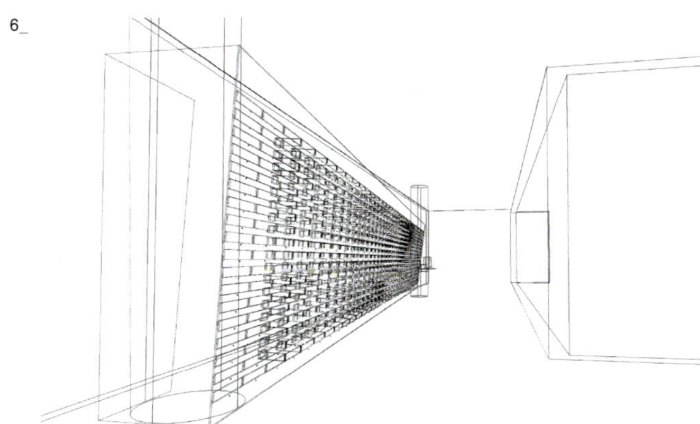

7_

米特尼克-罗迪尔-希克斯事务所

在我们看来，“重新解读城市”的过程应该包含着对城市是制造文化产物并使之合法化的唯一场所这一由来已久的权威观念的挑战。有效的重新解读还需要对城市的中心和轮廓（包括反映了人们内在的“中心”意愿的神话与信仰）重新进行校准，并试验其他的定位基准。

当我们问自己，建筑是如何转变人们的城市体验的时候，我们同时也思考，对于非常规的用地、场所和事件的认知是如何转变了我们对于地点的第一印象，还有，地理中心的改变如何弥补了美国生活方式和促成这种生活方式的公共机构所固有的文化短视。

像曼哈顿、洛杉矶、巴黎和东京这样的大都市中心早就成了范本，确定、推动并验证着设计产品与对话的主流形式。而在过去的35年中，一种全新的建筑实践已经浮出水面。在这种实践中，创造的和规定的特性的源头已经以边缘化的场所与语境，还有更多的引人注目的关于城市的论述为基础确立起来。

如果我们可以修正文化地理的主流模式，使其包含从前被我们忽略了的场所、领域和意识形态的边界，我们便能够赋予那些用传统方式定义的城市、郊区与乡村语境以新的意义。

1　项目分布示意图

1_

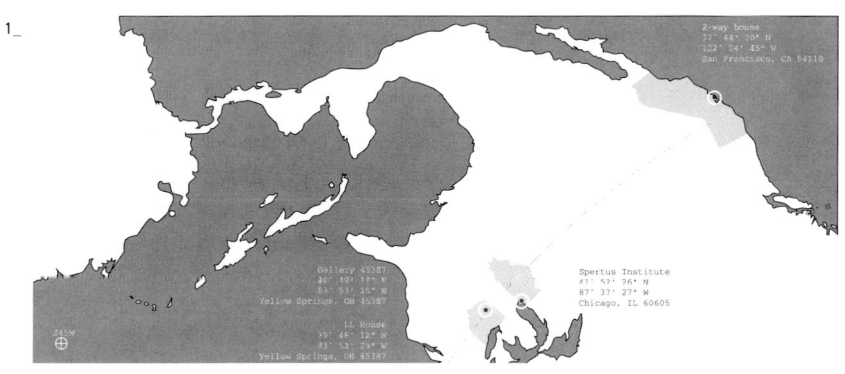

史波特斯犹太学会

芝加哥，2002 年

本方案是 2002 年 Burnham 大奖赛的获奖作品，是为史波特斯犹太学会（the Spertus Institute of Jewish Studies）设计的一栋新楼，坐落在密歇根大街的学会原址上，正对格兰特公园和密歇根湖。竞赛要求参赛方案应该包含公共机构空间，交叉的活动并表现出同处于这座大楼内的、拥有文化联系的各组织之间的协作。设计内容包括图书馆、博物馆、研究中心以及一所学院。另外的主题还包括沿着现存建筑物纪念碑式的墙体发展一种强有力的城市存在，以及更好地促进学会与其近邻间的互动。

处在由其他那些更多地受限于地域的传统所形成的框架内，犹太文化普遍表现出一种居无定所的敏感。有感于此，我们对于追溯的想法——即一系列行为穿越另一系列行为的空间界限的漂移——产生了兴趣。于是建筑设计就可以超越更为标准化的物质结构，而创造出一种形式与计划间的既不离经叛道、也非墨守成规的关系模式。在这种模式下，行为根本不必受限于任何空间的或计划性自律的固定观念，而代替以不同空间区域和行为之间的相互碰撞、交错和渗透。

这个设计的主要概念是形成一个环境、机构、活动与邻里人群的集合体。每一类活动都可以与其他功能和空间发生意料之外的相交从而发生转化，也可以促进属于不同群体的人们的互动。那些非学会的特别组成元素，比如花园、入口广场以及餐厅，意在吸引学生、博物馆参观者和路人来享用这个场所，并对史波特斯学会举办的多种展览和活动产生兴趣。

书籍有一种能够在心智上和感知上改变我们看待事物的方式的力量，而且描述事件和场所的文字有时比它们所描述的实际事物本身更强有力、更有唤起感。同理，描写和诠释一个建成环境的一组文字带给我们的体验，并不比直接的视觉体验少。因此，我们对书籍的暗示——作为沉思和学习的象征，记忆的仓库——就显得特别适合于犹太学会的研究中心。

这个象征性的设计源自一组各种形象的书，随意摆放在平行的条状水平凹槽内。平放的书堆的形状以及书与书之间的空隙象征的是犹太族群的历史和多样性。像任何由个体构成的组群一样，这个书架也反映出了多种多样的时代、颜色、尺寸，以及不同程度的磨损和裂缝。我们选择去探索一种可以在空间丰富的结构内产生多样和差异的形式，而不是使建筑物象征单一的整体。

我们将建筑物的形式构想为许多大小不一的体块，插入水平的楼层。窗、孔洞和面层是将各种不同的空间形式组织在系统化的框架内的结果。三个主要的体块，或者说中空的插入体的形象随着观察者的位置变化而变化，于是当人们穿行在建筑中时，感受时时不同。

贯穿着整个设计的意图是将室外引入室内并将室内展示给室外。通过一条底层通道、一个屋顶花园和两个设在建筑外围护部分中的绿化阳台，使犹太学会跨过密歇根大街与外部空间直接相连。建筑的外观像一块屏幕，透过这个屏幕建筑之后的自然可以向外窥视，因为这个建筑物显得就像它的外表面一样薄。夜晚，在白天受人欢迎的绿化空间就转变为照明花园。

项目团队： Jon Stevens

1 剖面图解
2 以城市为背景的书籍拼贴画
3 正面透视效果图

1_

2_

3_

4 楼层平面
5 纵向剖面

4_

5_

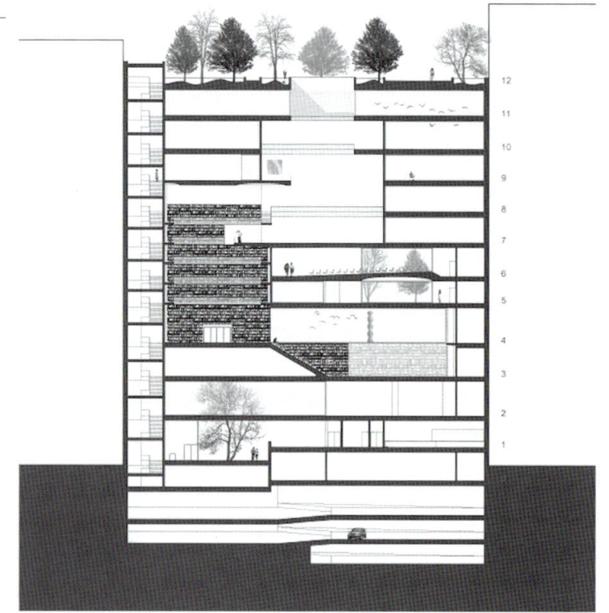

6 博物馆
7 图书馆
8 看向密歇根湖的透视
9 横向剖面

6_

7>

8>

9_

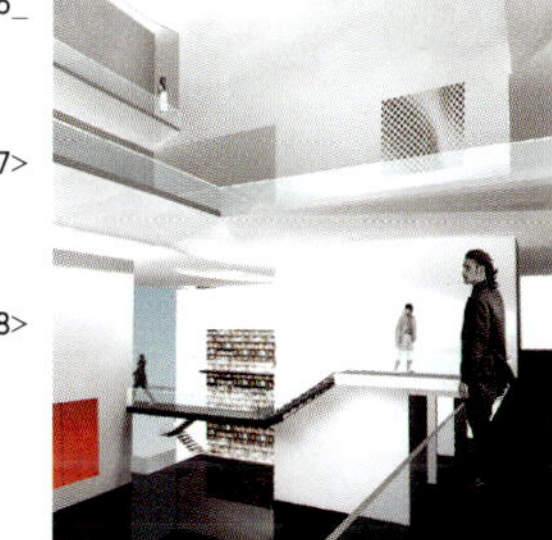

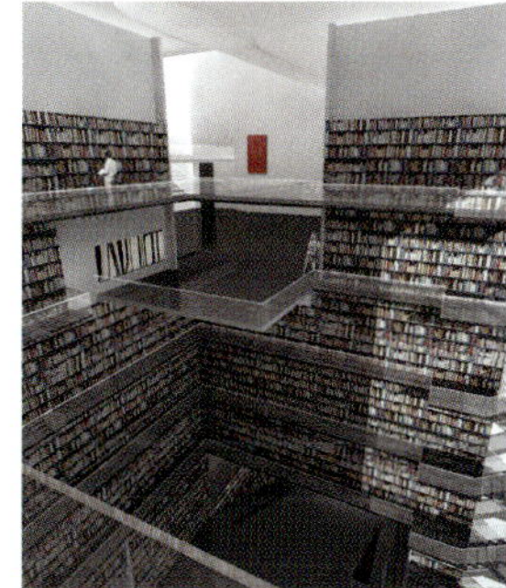

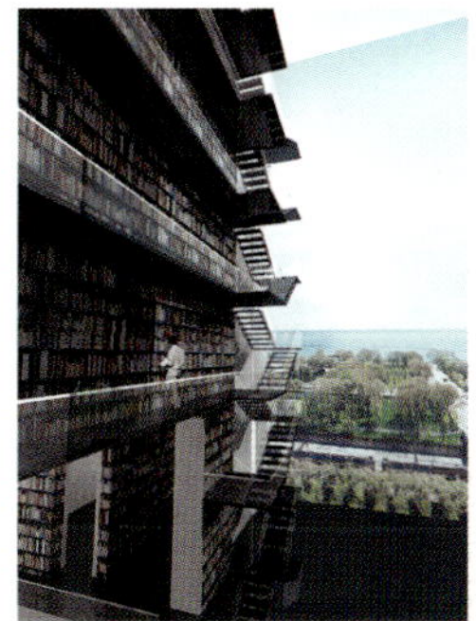

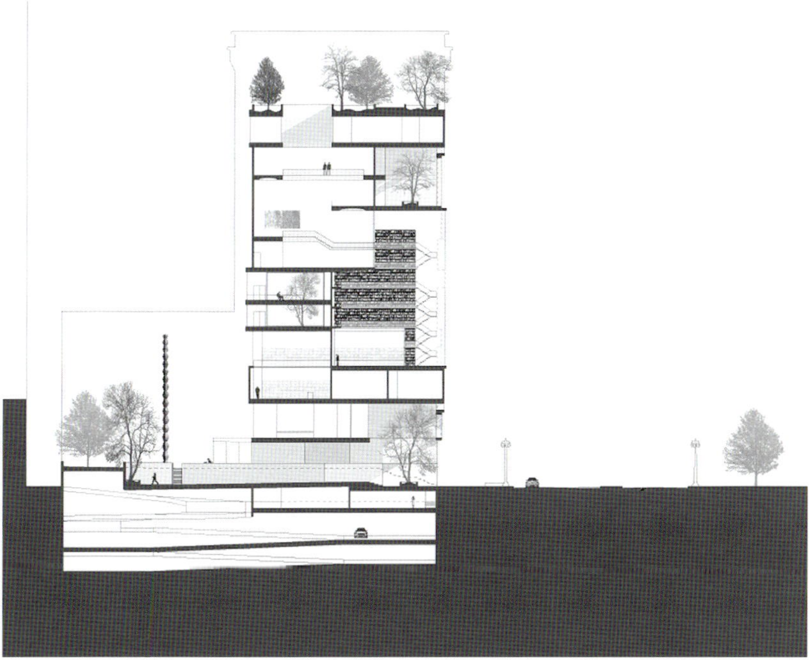

45387 号画廊

耶洛－斯普林斯（Yellow Springs），俄亥俄州，2003 年

这是为俄亥俄州一个叫做耶洛－斯普林斯的小镇的美术馆所做的方案。用地呈楔形，面积 7000 平方英尺，位于安提亚克学院（Antioch College）校园与格兰·海伦自然保护区（the Glen Helen Nature Preserve）之间。自然保护区共计 1000 英亩，内有森林、灌木丛、草场和河流，每年大约接待游客 10 万人。从地质学上来说，保护区内有冰川融水侵蚀而成的峡谷、岩脊、瀑布以及黄色的泉水——小镇的名字就是由此而来。

用地一端原有的一座平顶建筑物将经过改造，提供约 2000 平方英尺的室内展览空间。其余 5000 平方英尺的室外空间将用来举办各种活动并展览雕塑。整个建筑横跨三种截然不同的景观：森林、街对面风景如画的公园，以及新的几何形状的雕塑庭院。

通过将空间分割成为两个不同的、向外推出的部分，不规则定位的填充墙体对应着方盒子建筑的直线条。由沿街立面、花园和森林的空隙组成的三个主要框架将这两个楔形的体块连接在一起。建筑物的正立面映射了附近商业大楼的店面橱窗，将画廊的形象表现为一个陈列着待价而沽的商品的商店。建筑外表面的灰色伪装使它溶入连续不断的自然影像中。这种伪装本身的图形形式是对观看的视觉机制的双重思考，这样，无形和抽象影像的修辞倾向意味的就是非物质化。

雕塑庭院是几何限定的、相对规则的，而建筑的室内地面则是非常规的斜面，倾斜地穿过室内、室外以及与建筑物内部的附属区域。从水下平台到倾斜的演讲／介绍区域，地面和围护部分之间的没有约束的自由挑战了根深蒂固的地面在空间定义中扮演何种角色的习惯性假设。

通过将若干熟悉的形式集合在意料之外的关系中，这座美术馆为艺术品的展出提供了一个不同寻常的空间。这座建筑超越了白色立方体的常规形象，将艺术品的展示与沿街店面、不规则的底层地面以及独特的窗框相结合，从而将直线型的方盒子转化为抽象形式与环境特质的动态接合。

1 总平面
2 模型
3 楼层平面

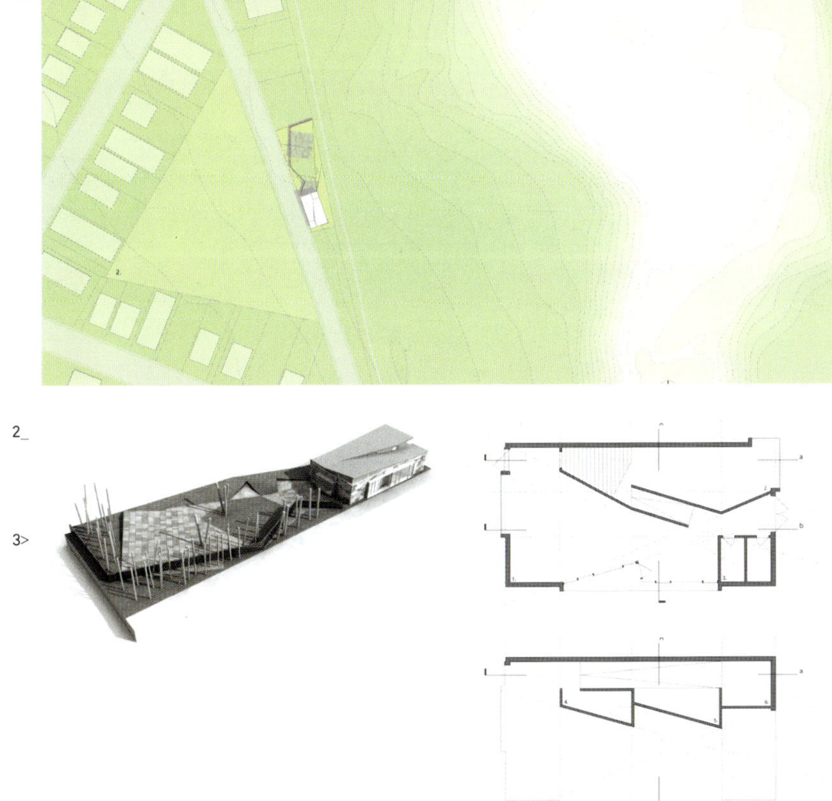

4 纵向场地剖面
5 从雕塑庭院看画廊
6 从街道上看画廊
7 从正面看公园

4_

5_

6_

7_

8_

9>

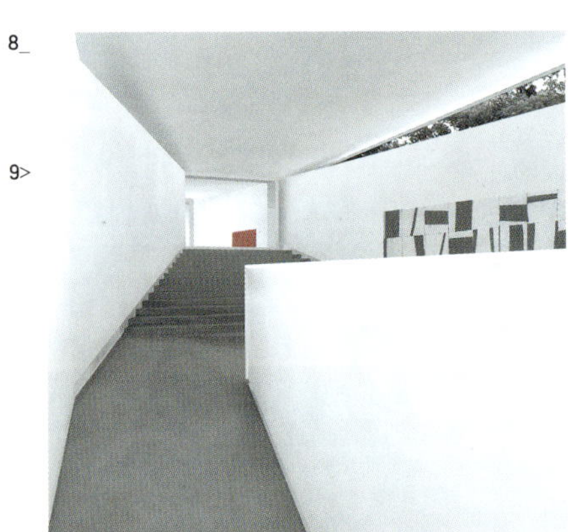

10_

8 沿坡道向上看
9 从室内看雕塑庭院
10 接待区
11 横剖面
12 二层透视

11_

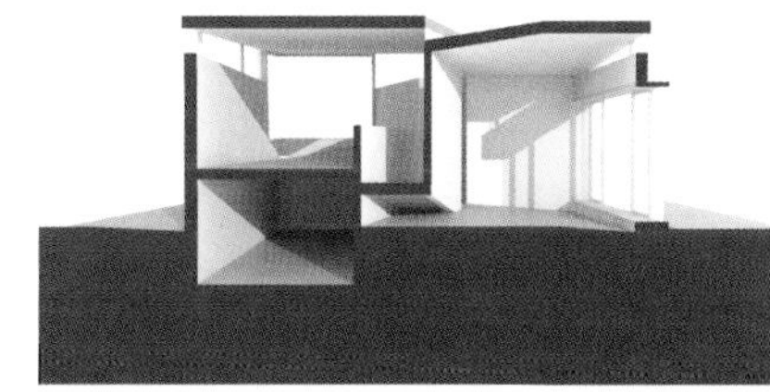

12_

2–WAY 住宅

旧金山，2002 年

2–WAY 住宅位于伯纳尔山（Bernal Hill）的南坡，与旧金山城相邻。旧金山正从一个拥有松散的半步行街道网和随意布置住宅的城市发展为更为统一的大型住宅的集合体。由于这一地区绝大部分新住宅的规模都大于原有的住宅，委托人希望我们建造一座既回应当今的建造做法，又不照搬流行的材料和风格类型的住宅。

由于用地恰好位于俯瞰城市的山顶下面，这座住宅要兼顾两种截然不同的空间尺度：上方狭窄的街道和密集排布的住宅，下方一直延伸到旧金山湾的景观和城市风景。2–WAY 住宅就像这两种尺度交融时跨过的起点，生成并激发了这种相互作用的各个方面。

住宅的室内由光滑的、连绵不断的白色楼板组成，而像工具箱一样的建筑立面则表现的是我们必须用预制与组装的施工方法来适应的经济图景，尽管事实上将这些结构显露在外比将它们隐蔽在建筑物内部成本要高。

通过保持外部的结构装配与质地均匀的室内表面间清晰的差异，2–WAY 住宅蕴含着传统两分法的一些意味——物质代码、结构，以及居住模式——借此将内部和外部区分开。于是从外部来看，结构一目了然，而在内部，则借助材料差异性的消减和城市景观向远处的延伸超越了室内的尺度。

项目团队：Christopher Clinton，Wei Hu

1 航拍图
2 从公路看建筑的透视图

1_

2_

3 楼层平面
4 分解轴测图
5 室内布置图示
6 楼上的透视

3_

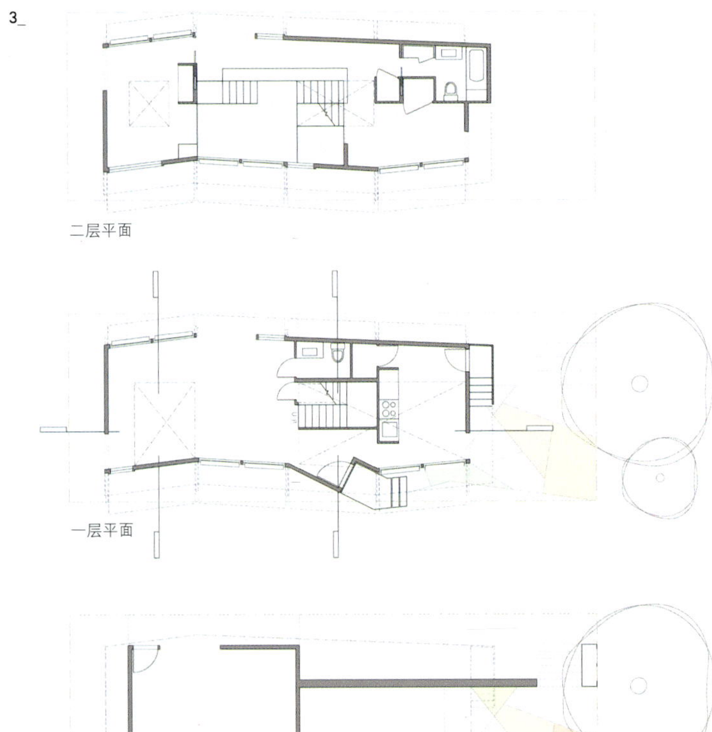

二层平面

一层平面

地面层平面

4_

5>

6>

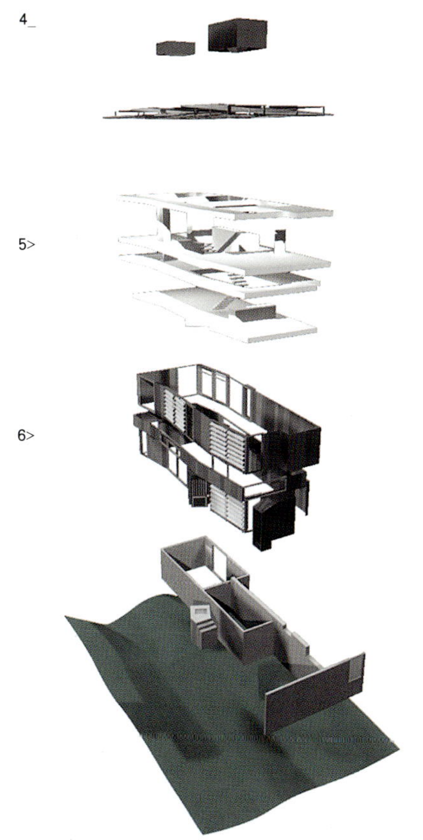

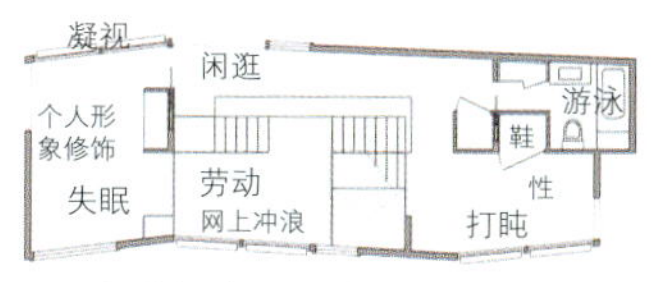

二层与中间夹层平面

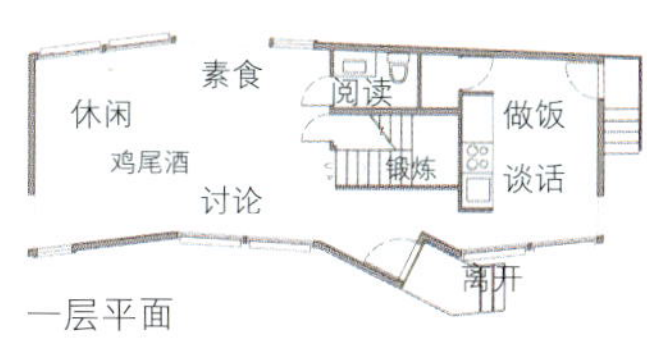

一层平面

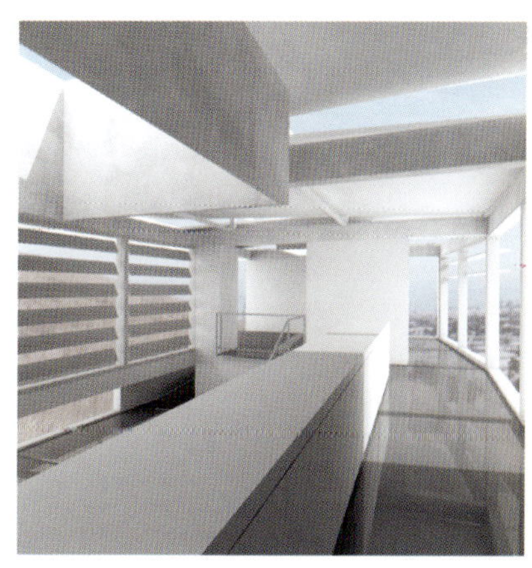

7_

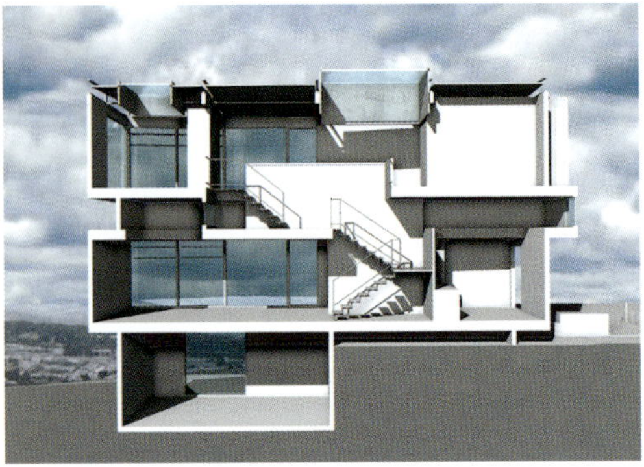

8_

7　纵剖面
8　楼上的透视
9　透视图
10 楼下的透视

9_

10_

LL 住宅

耶洛－斯普林斯，俄亥俄州，2004—2005 年

这是俄亥俄州边远的大学小镇耶洛－斯普林斯的一个 3000 平方英尺的住宅设计，2004 年秋季动工。建筑用地上已有一座小型住宅，占地面积约 700 平方英尺。我们计划把这座小住宅的内部结构清空，把它变成与新住宅相连并服务于新住宅的室外开放空间。我们要在小住宅的屋顶开辟大的方形孔洞，将光线引入新住宅。

新住宅的形式利用了“内部”和“外部”之间的感知与象征的关系。我们并不打算在街道上创造一个外向型的场所——或是图像，这个住宅是内向的，从许多方面来说，是以它的内在逻辑和内向性带来的体验作为主体的。

住宅围绕三个功能区域来组织：位于中心的多功能区域，楼上的卧室、卫生间和更衣室，以及楼下的两间客房和浴室。在不完全脱离传统美国住宅的基本要求的前提下，这座住宅的形式试图用视觉上的透明、对惯用材料和区域代码的重整去架构和挑战存在已久的典型的单一家庭住宅模式。LL 住宅的设计是为了质问：在家庭语境中，物质性通过普通的商用和工业用材料的重新编码是如何干预景观的构成的，还有空间区域的重整将会如何有助于颠覆通过建筑创造家庭感的传统手段。

项目团队：An Tai Lii，Dana Jaasund，Robert Schwartz

1_

1 模型
2 图解
3 楼层平面

2_

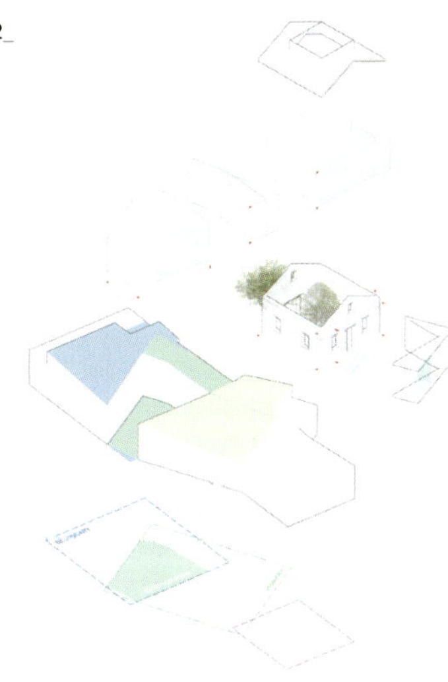

3>

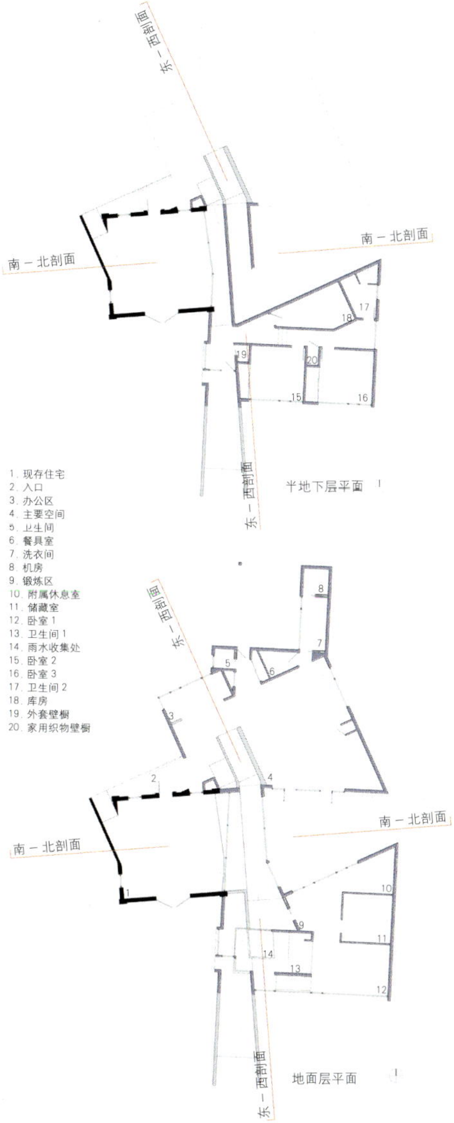

东－西剖面
南－北剖面
南－北剖面
15
16
17
18
19
20
东－西剖面
半地下层平面
1. 现存住宅
2. 入口
3. 办公区
4. 主要空间
5. 卫生间
6. 餐具室
7. 洗衣间
8. 机房
9. 锻炼区
10. 附属休息室
11. 储藏室
12. 卧室 1
13. 卫生间 1
14. 雨水收集处
15. 卧室 2
16. 卧室 3
17. 卫生间 2
18. 库房
19. 外套壁橱
20. 家用织物壁橱
东－西剖面
8
7
5
6
3
2
4
南－北剖面
南－北剖面
1
10
9
11
14
13
12
东－西剖面
地面层平面

4 总平面
5 纵剖面
6 横剖面

5_

6_

7 沿坡道向下看
8 卧室
9 沿坡道向上看
10 流线图解
11 看过坡道

7_

8>

9_

10>

Inside/
Outside
Laundry
Pantry
Gallery
Office
Northgate
Entry
Kitchen
Oak
Poplar
Bath
Bed
Greens

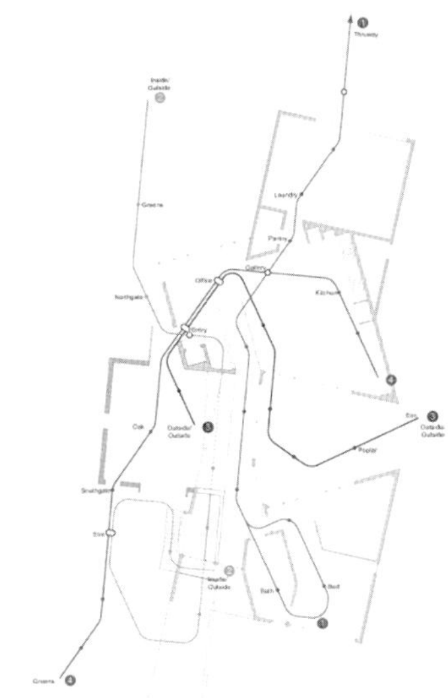

11_

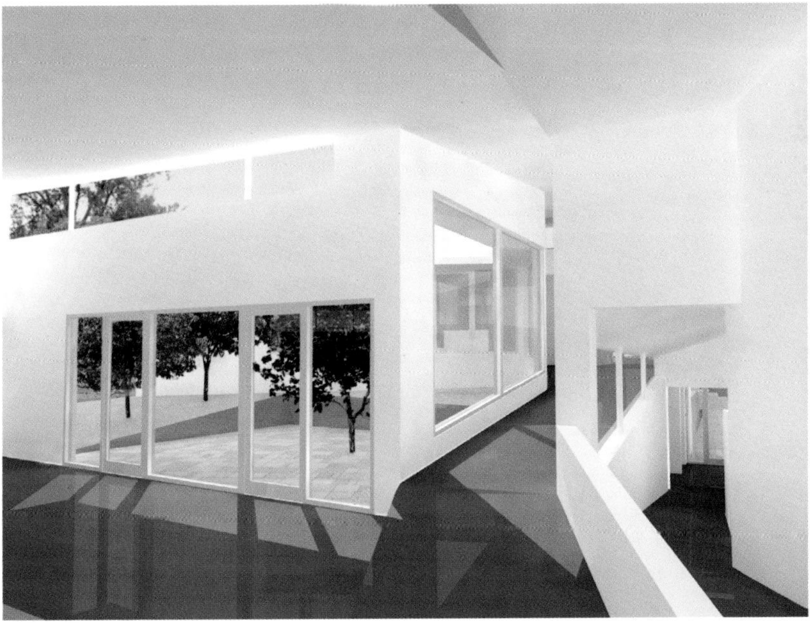

博登联合事务所

博登联合事务所是一个建筑设计与研究公司，致力于发展负担得起的超现代化设计。我们使用多种材料、媒体、程序与方法，努力使我们的设计成为日常生活的中介。

普通的环境条件具有最大的蕴含文化的潜力，在全美国最普遍的就是郊区环境。对设计的最大的需求来自于日常生活。因此，这一点非常重要，那就是我们的设计的类型、经济性和材料方法来自于这种环境条件。而建筑的回应就应该以此为目标：整合上述的这些系统以推动文化空间的创造——既是事先设计好的，又是方便可行的。

由计划性的潜力和对标准的深思熟虑的重新制订所推进的设计方法，需要的是由实用性和构造学所平衡的机智和洞察力。对建造工艺的了解，对生活图景的构想，对平凡事物的热爱，以及不断地庆祝必然发生的事情，孕育了超现代建筑的产生。

在对惯常的生活、工作和休闲的过程进行反思时，标准化、预制化、系列性以及图像学成了首要的建造障碍。在设计中对意义的构建，虽然要通过形式、计划、材料、成本以及语境来表达，但在本质上是与体验相联系的。在日常生活中我们坚信并渴望将其变为现实，于是产生了以下的这些方案。

这里我们选择的每件作品都可以说明，建筑具有构建文化生产的基础空间的有效的与实际的潜力。每一件作品都产生自通过体验对深思熟虑的想象所进行的综合。

希尔德加德别墅

维卢万纳（Fluvanna），弗吉尼亚州，1998 年

希尔德加德别墅（Villa Hildegard）属于能够缓和乡村与城市边界的那一类住宅。它坐落于未经人类开垦的荒野与城市基础设施受控制的背景之间，虽显得独立独行、与世隔绝，其实与城市相连。于是这个住宅既可以利用社会的经济和文化资源，也可以适应逃避现实者和自然主义者的需要。

别墅为独居者设计，位于蓝脊山脉（Blue Ridge Mountains）的山脚下、詹姆士河（James River）岸边，四周有森林环绕，用地开阔，还未经建设和开发。考虑到与城市之间的便利联结，汽车交通成为这个住宅的基础。正是由于汽车在整体中的现实存在与重要性，住宅被划分为公共区域和私密区域。

平面图清晰地说明了这个住宅由三个部分构成：私密区域、汽车区域和公共区域。住宅侧翼的公共区域包括两个房间，每间都带一个庭院并由公用卫生间相连。汽车区域分为两个部分，一个是同四周的荒野形成对照的外向的砾石花园，另一部分是两间室内车库。住宅主要的起居区域是一个单一的体块、一个巨大的 2 层高的房间，其中悬吊着三种不同的装饰部件。这些各种颜色的不定形状中包含卧室、盥洗室和书房，起居活动发生在它们周围。混凝土围墙限定了住宅的下层。沿围墙排放着书籍，将住宅与现实世界分隔开。同时围墙还带来了一个升起的平台，可以回眺城市。

这个模型是别墅的等比例缩小。作为一个封闭的方盒子，别墅始终不受外界的干扰——超出尘世的严酷，独立于理想和场景当中。

1 平面

1_

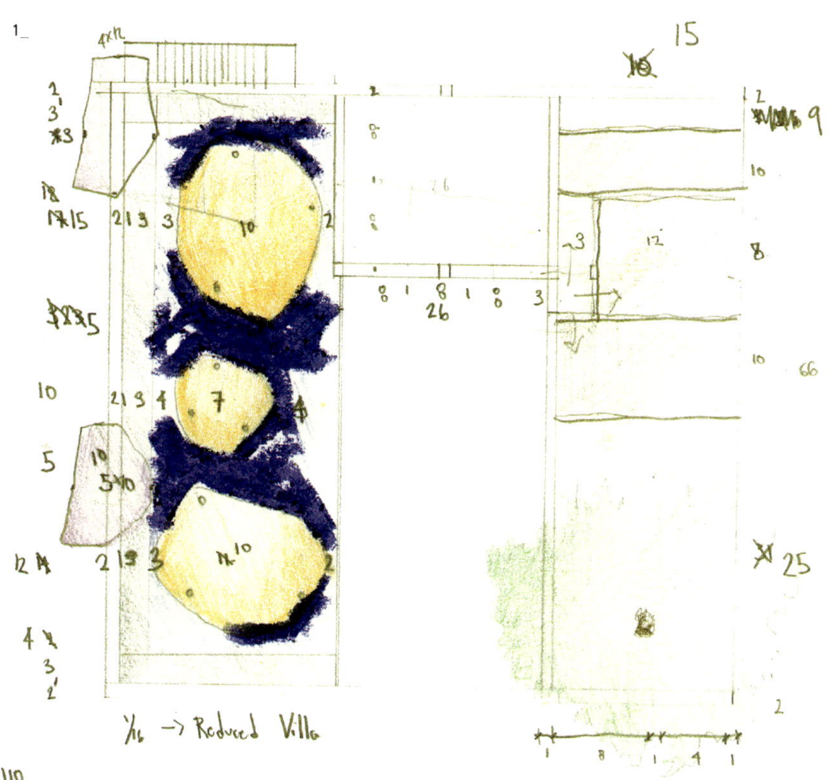

2　豆荚形立面研究
3　别墅入口鸟瞰（模型）
4　豆荚形的平面和立面
5　一层平面
6　二层平面
7　屋顶平面
8　前面墙体和“豆荚”的剖面

2>

3_

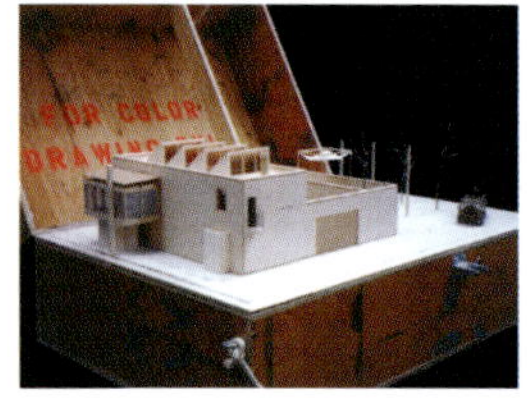

4_

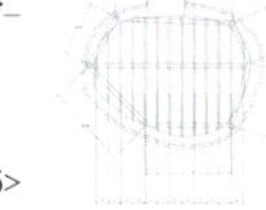

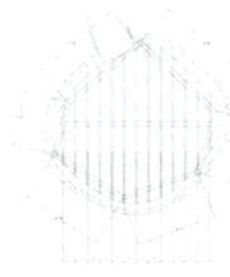

5>

6>

7>

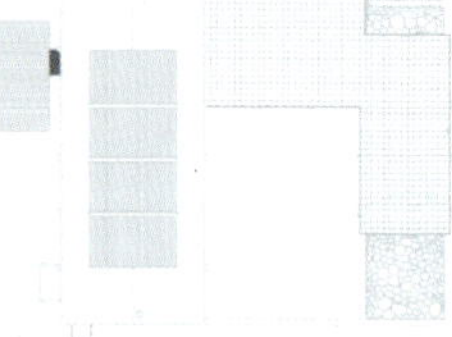

8_

2 英寸 ×6 英寸墙筋
1/2 英寸胶合板隔板
30# 油毡
角钢
2 1/2 英寸波形金属薄板
1/2 英寸护墙板
玻璃
窗框节点
女儿墙盖板
装配式屋面
防水层
1/2 英寸胶合板隔板
18 英寸木桁条
R14 保温材料
4 英寸 ×6 英尺桦木胶木板
1/4 英寸整体染色石膏
1/16 英寸点焊接石膏板
8# 弯起钢筋
1/16 英寸点焊接石膏板
1/4 英寸整体染色石膏
1 英寸管状钢栏杆
悬臂式阳台
刚性隔热层
内、外表面胶合板，
混凝土饰面
4# 钢筋
6 英寸外露混凝土楼板
橡胶压条
加热水盘管
2 英尺基础梁
4 英尺刚性绝缘板
箍筋
2 土层

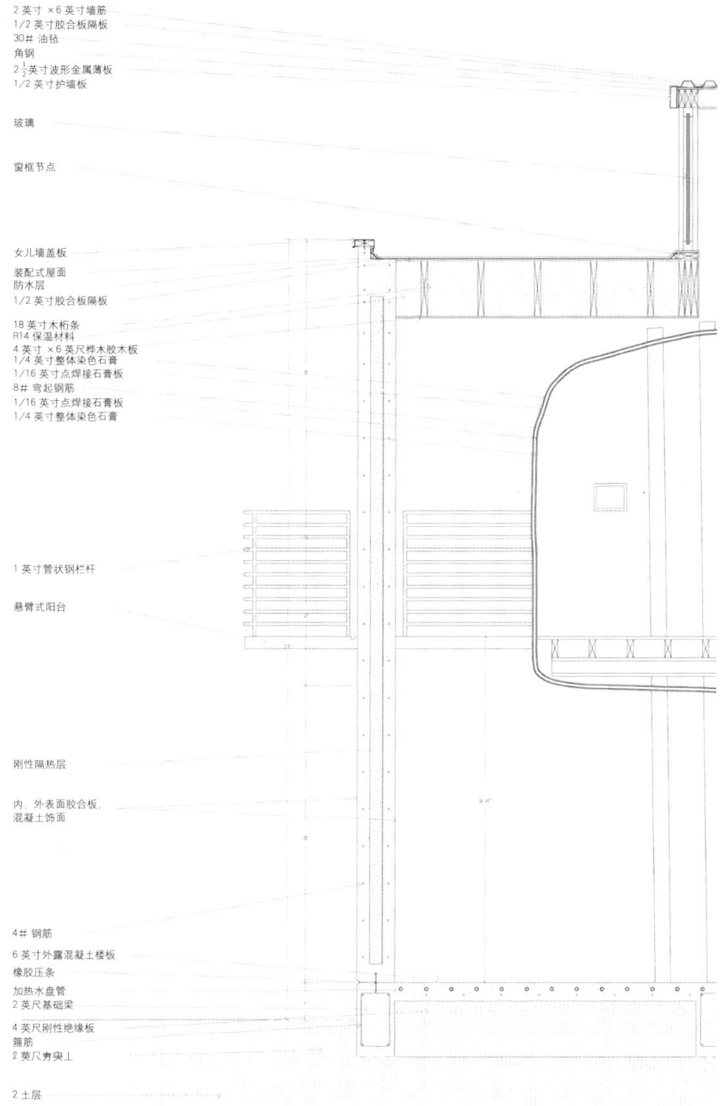

非消耗性空间（None–Consumptive Spaces）

东京，2001 年

城市空间，是根植在城市规划的基础设施网络中的。这些空间之中及彼此之间的城市空白最富有插入公共区域的潜力。建筑活动必须是一个非消耗性的助推器，提供自由的、能够引发公共性的体验。而具体的解决办法就是一个包含七个真实的公共空间的基础设施。用地位于东京科技城的边沿地带，对于所有的城市都具有代表性。各自保持着不同的单元构成的网络通过上述的活动聚合在一起。

花园：通过将自然元素重新插入人为构造的城市景观之内，花园提供了集会和休闲场所。花园的地面呈条纹状，条纹的颜色、宽度和高度各不相同。一个小型的单元用作花园的工具房。

公用洗手间：用作洗手间的单元做了双重模糊处理。作外壳的毛玻璃呈螺旋形，将内部男女公用的设施遮蔽起来。周围的场地由一组浅浅的反射水池组成，池中温度不同的水可以用做洗浴的水源。

图书馆：作为图书馆的单元分散在环境景观当中，这与图书馆信息收集的内向性恰好相反。三座玻璃的褶曲天棚限定了立柱之间的地面区域。这个图书馆像一个充满了众多珍贵书籍的松散的多柱式大厅，书籍的名单在空中摇摆着。

影像屏幕：这里的电子布告板由一组计算机工作站进行控制，为这个城市播放影像，使得这里成为瞬息万变的信息的投影屏幕。没有新信息的时候，屏幕上就随机播放那些旧的影像，光影如波浪一般变幻着。

迪厅：通过音响等基础设备，这座动感迪厅可以举办各种各样的演出。在一个玻璃笼子里，安装着音响设备和混音台，DJ 可以自由控制演出的开始时间。围墙是活动的，可以展开形成一座舞台，并且将室内的设备显露出来。

1　花园，工具房
2　公用洗手间，鸟瞰
3　图书馆，带有座位的天棚
4　影像屏幕，信息布告板区
5　迪厅，围墙打开

1>

2_

3>

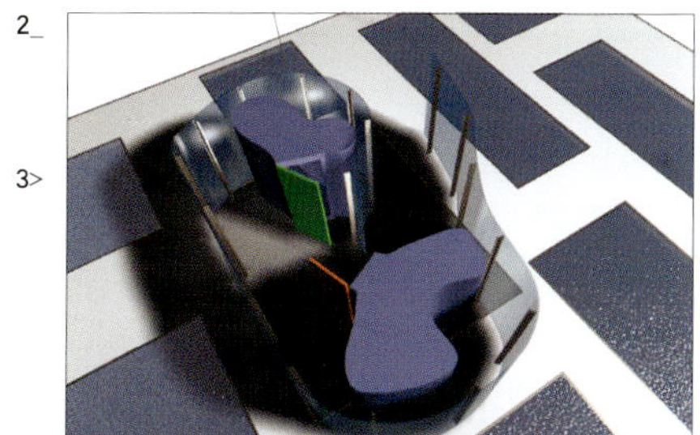

4_

5>

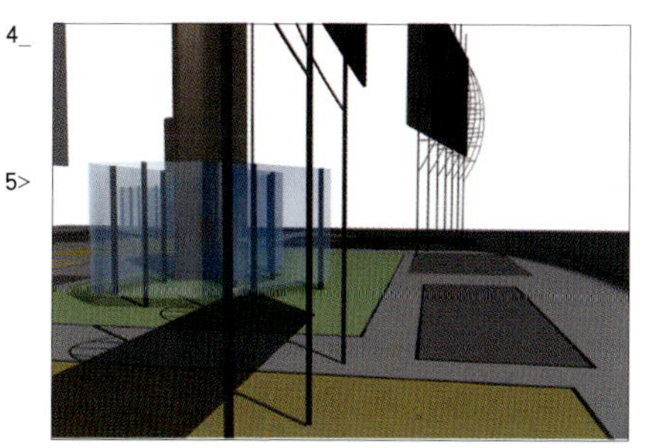

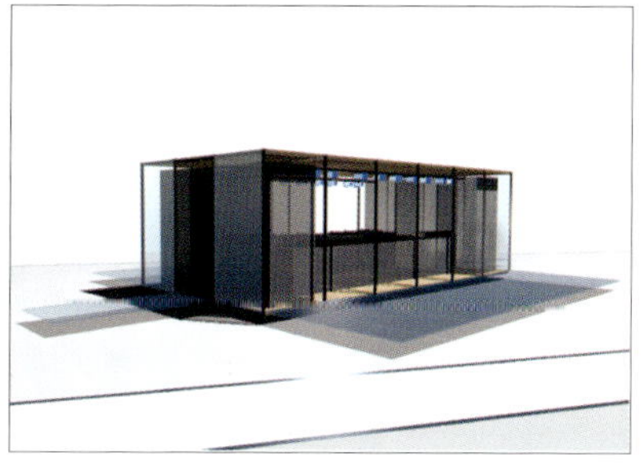

步行桥

滨海社区，佛罗里达州，2001 年

这条佛罗里达州滨海社区西边界处的通道，是进入一个独一无二的社区的标志。步行桥横跨 30–A 高速公路这条进出滨海社区的主要干道，它成为一个观景系统，提供伸延的远景、孤立的优势位置、城市中最引人瞩目的景物以及建筑的身份认同。一个公开竞赛要求参赛者们设计一座标志性的里程碑式建筑，作为滨海社区成立 20 周年的纪念。这座纪念碑性质的建筑既是大门，也是构筑物、过滤器、透镜和桥，反映出的是这个社区已经建立起来的传统，并将过去与未来交错。本设计方案回应了滨海社区所代表的——从根本上来说是新都市主义的——传统和态度，同时也表达了赞扬和批评。

桥的结构由大的原木制成，并包裹在木制栅格中，这种条纹状的表面从穿过大门一直到远方的地平线都保持着透明的状态。顶层的面板也包裹在这种格栅系统中，使得明亮的光线和变换的季节能够穿透结构。桥的两端各有一座螺旋形的楼梯，一个两层楼高的巨大钢制风铃贯穿其中。还有一座与步行桥主体分离的塔楼，提供了一个高起的观景平台。桥上的行车道除了作为日益拥挤的过往车辆横穿桥梁的廊道之外，还为暂时停下休息的车辆提供了面向滨海社区的用于观景的窗口，在行车道背向滨海社区的一面，也设置了长条形窗，窗外就是向地平线和四周蔓延的高速公路。

这个构筑物像是一个画框，平实地记录了滨海社区过去的各个不同时期，并按时间集合了限定滨海社区历史、发展与汇集而成的都市景象。

1_

2>

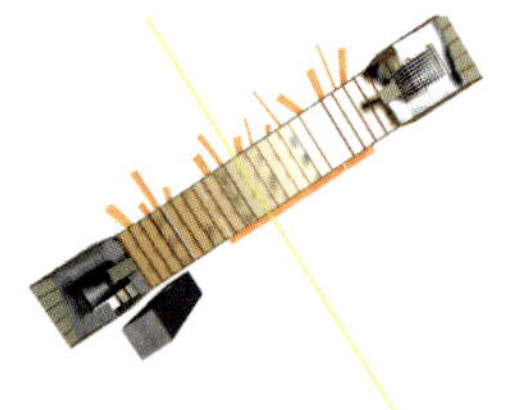

1 桥梁底部
2 连续的、向东的高速公路景象
3 二层平面
4 从下向上看
5 穿透格栅系统的观景管道
6 连续的带形窗
7 观景小屋

3>

4_

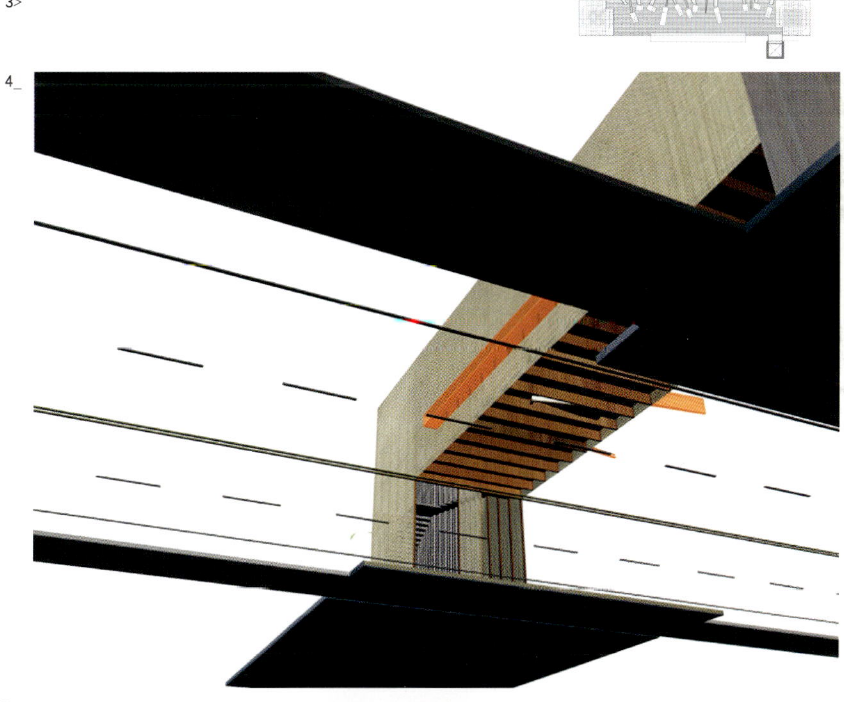

5_

6>

7>

橡胶带住宅

罗利，北卡罗来纳州，2002 年

这座住宅的形式定义了家居生活的特性。家居活动由空间来支配，在这些空间中它们被和谐地组织在一起。在将这个单一家庭的住宅设置到战后发展起来的郊区的过程中，我们考虑到了居住的景观。住宅呈双螺旋状，将公共部分与私密部分划分开，两个部分锁结成环状，分属不同的功能区域。它们相互毗邻，创造了彼此之间的对话。

私密空间的表现形式为包裹在白桦木外壳中的完整的环形。立面上带有图案的表皮在特定的时间可以向内裂开，形成孔隙。在剖面图上，二层的体量的边缘是竖向的循环空间，上层的露台建立起一个私密的起居区域，而地下层遮蔽了卧室和卫生间。位于私密区域中间的公共空间则被彻底截断了。

这在室内和室外都同样存在。传统的庭院成为公共空间，其中有烧烤用的院子、停车场、带草地和树墙的花园。室内的公共空间则是一个连续的由单一的橡胶带墙体包围的环形区域。橡胶带墙体由可调节的竖向结构柱和有弹性的传统橡胶带构成，会呼应居住者的使用而产生起伏。橡胶带墙体又可以作为调节光线的幕布，并通过它可触摸的格子状表皮呈现出可变的外形轮廓。

1_

2>

3>

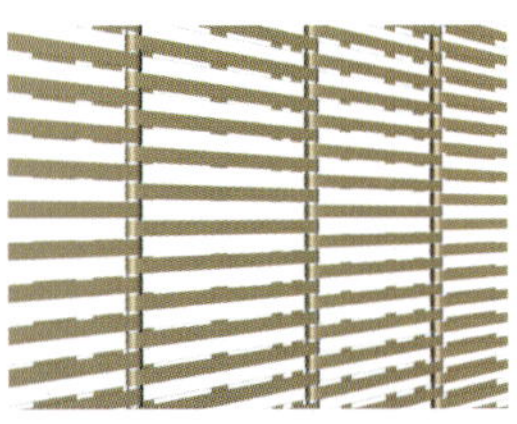

1 橡胶带
2 格子状橡胶带墙体的细部
3 公共区域（开放的）和私人区域（围合的）的连接
4 从街道看住宅
5 真实大小的可调节墙体的细部

4_

5_

6_

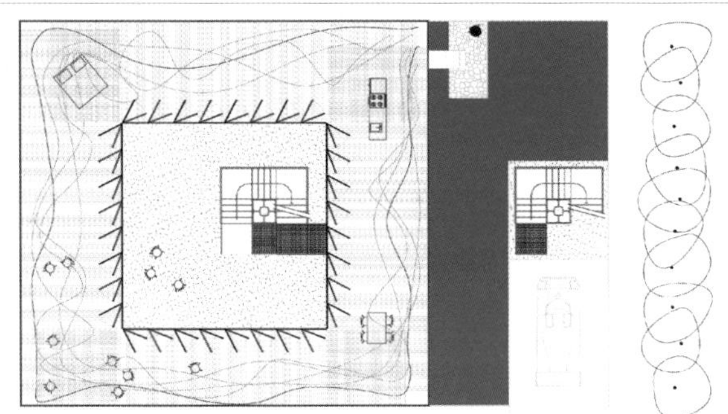

7_

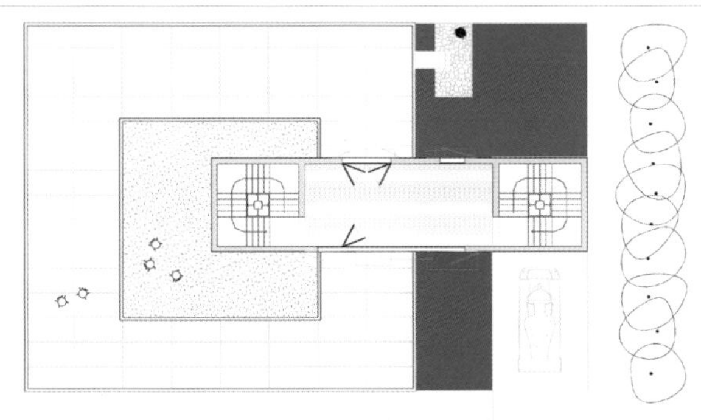

8_

9>

6 一层平面，公共生活
7 二层平面，私密生活
8 正对橡胶墙看去
9 沿着橡胶墙看去
10 沿街面的建筑透视图
11 橡胶带墙体的构造

10_

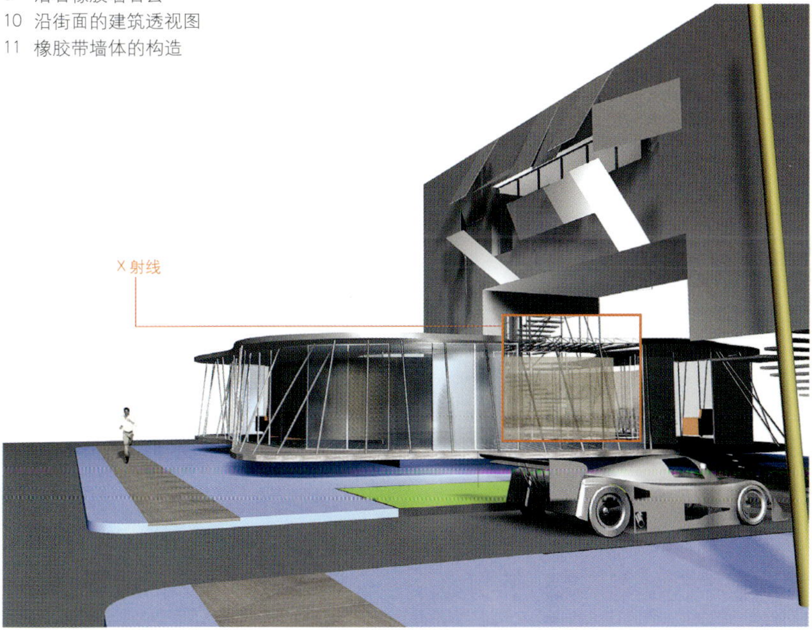

X射线

11_

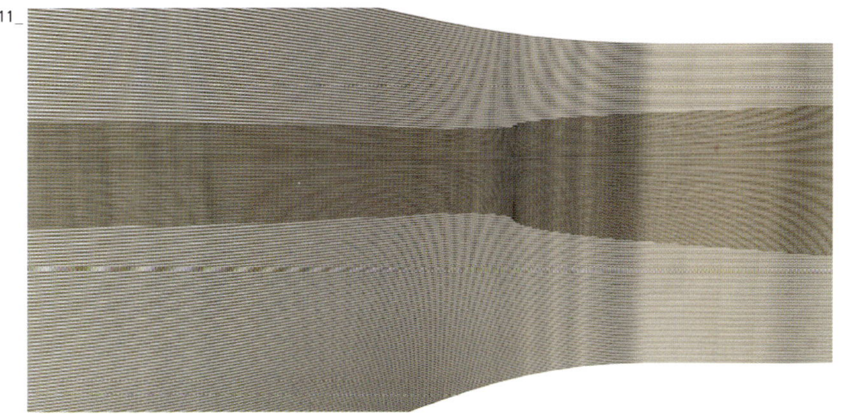

住宅：20 选 6

为郊区生活所作的方案，2003 年

下述的这些方案试图将超现代化的单一家庭住宅引入到当下的景观中。我们设计了20个住宅方案，以下详细介绍其中的六个。这些住宅方案，通过模块化、程序、材料、照明、文化和严谨的空间规划来维持设计的更新、提高空间及组成的质量，并使这些住宅能够让人买得起。这些方案，在表现了当今郊区生活状况的同时，也建议了一种新的生活方式。它们的目标是，实现平凡中的不平凡。

当今流行的单一家庭住宅更多的是依照一种能够满足银行的贷款抵押估价要求的模式，却对当代的文化情境视而不见。形式、功能和风格虽然都是平常的，却被用在了错误的时代，并且违背了最初的意图。对于类型的关注应是技术性的，而不是怀旧性的，这样才能使形式的、功能的和文化的演变具有意义。下述的这些方案旨在为惯常的、普遍的状况提供机会——也就是对于单一家庭住宅的反思。以标准经济的、计划的和功能的需要为基础的重复说明了在平凡当中找寻建筑的潜力。通过对住宅的建造与构成的关注，这些原型暗示了一种设计方法，这种方法将当代的文化作为改变我们的人造景观的特定、可行的解决方法的基础。

“规划住宅”有三个指导原则：形式的清晰表达要以规划为基础，室外－室内的基底上的一系列规划和逐步实现的能力。它们共同产生了间隙性的空间，这个空间连接且模糊了住宅与规划之间的划分和边界。

“倾斜住宅”的方案把公共和私密功能处理成两个同样的长条。通过几何移动使这两个长条重叠，在整个用地内创造出多样的居住空间。楼板滑过每个方盒子的边缘，形成一条通长的后门廊。

“门廊住宅”将景观与住宅中的日常活动连接起来。尽管建筑用地狭小有限，但仍然从组成住宅的复合式单元中开辟出了一个外部空间。

“管道住宅”将日常家居活动组织成了线性的、24 小时依次进行的空间行为。这个循环可以根据每个空间——包括车库、入口、厨房、餐厅、起居室、杂物间、楼梯间、卫生间、浴室和卧室——的使用情况前进或倒退。

“星座住宅”将传统的墙壁上的开口转移到了屋顶上。这些宽大的屋顶开口使自然光深入住宅内部，依据光线强度的变化清晰地表达了每一个空间以及它们的功能。这一变化的层次考虑到了有效的面积范围，随着时间的变化戏剧性地改变了空间的品质。

“围合住宅”用一张立接缝的金属外壳将自己围合起来。端头凹进的墙壁形成了前、后门廊，并构建出了住宅的对外立面——带有功能上精心设计的冲孔，而住宅的后墙立面则是透明的、可调节的，渐增式地散布着彩色金属板，用来作为储藏室。住宅的核心部分包含功能性的服务部分，将住宅划分为公共领域和私密领域。

1　规划住宅：规划区域
2　倾斜住宅：预制单元的移动
3　门廊住宅：设计阶段
4　管道住宅：生活，流线，睡眠
5　星座住宅：屋顶的采光窗
6　围合住宅：要素

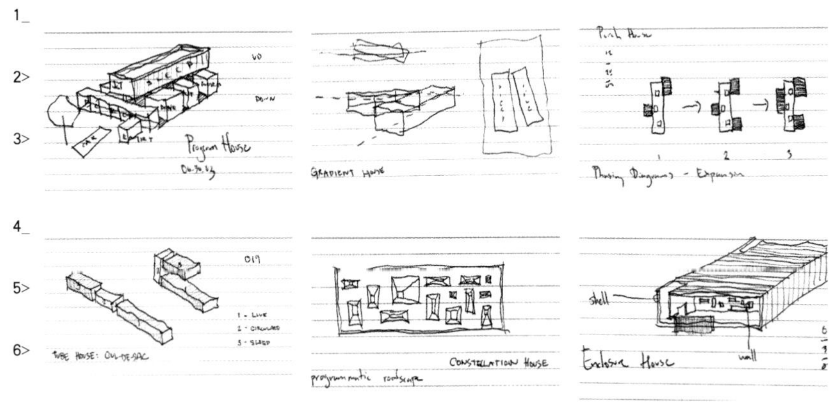

1 规划住宅平面
2 鸟瞰
3 纵剖面
4 起居空间

1>

2_

3>

4_

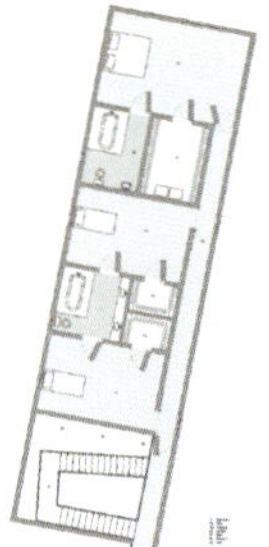

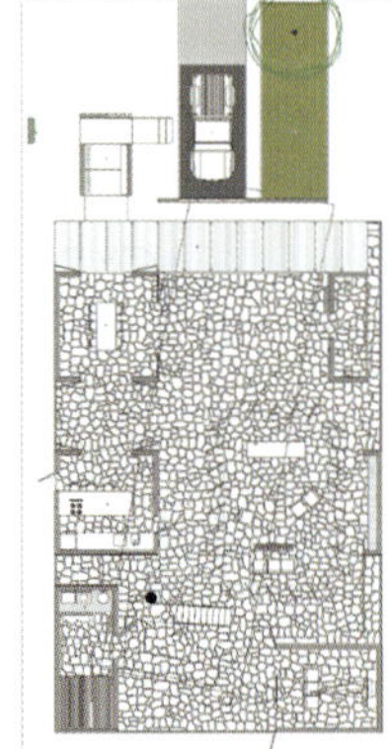

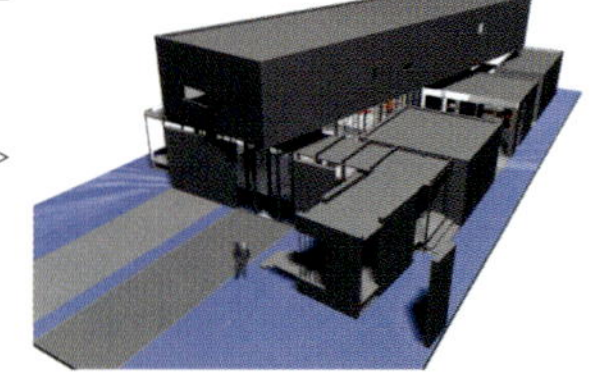

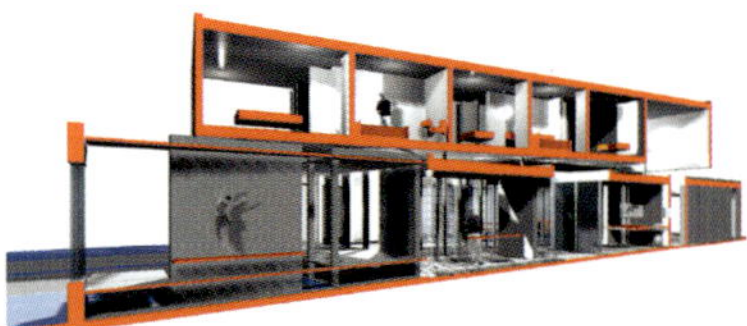

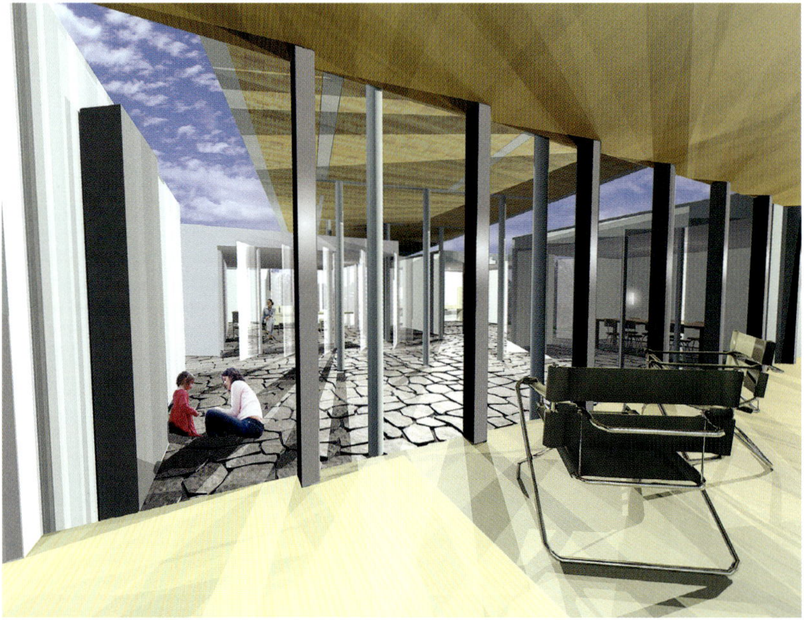

1 倾斜住宅
2 从后院看去
3 横剖面
4 后门廊

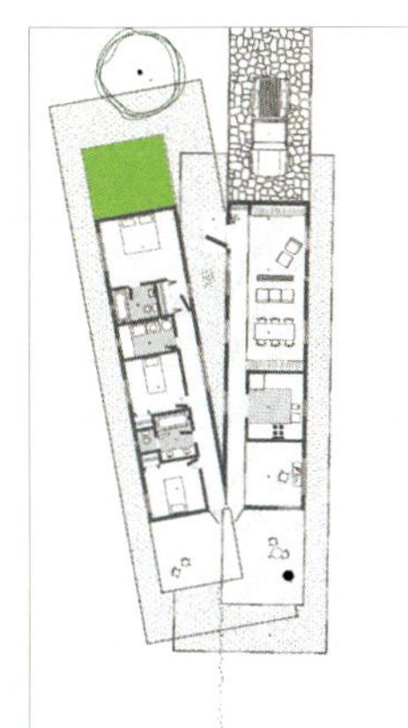

1>

2_

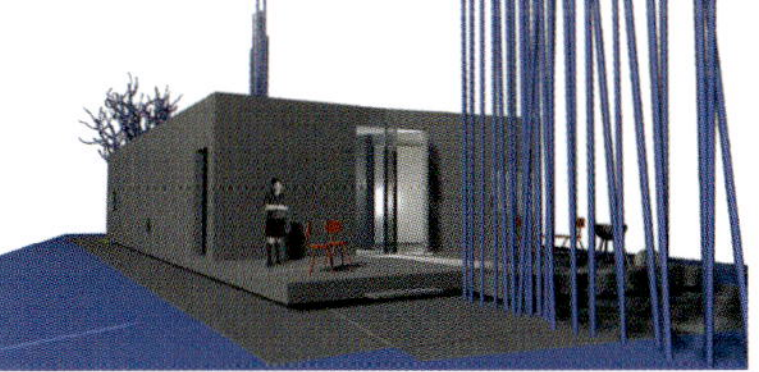

3>

4_

1 门廊住宅平面
2 起居单元
3 纵剖面，私密部分
4 从起居室看门廊

1>

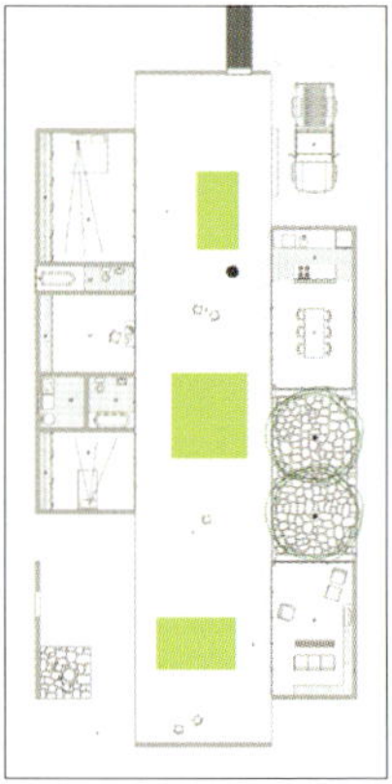

2_

3>

4_

1　管道住宅平面
2　住宅后部
3　纵剖面
4　起居空间

1>

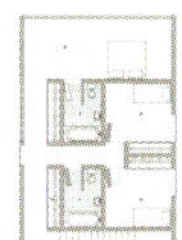

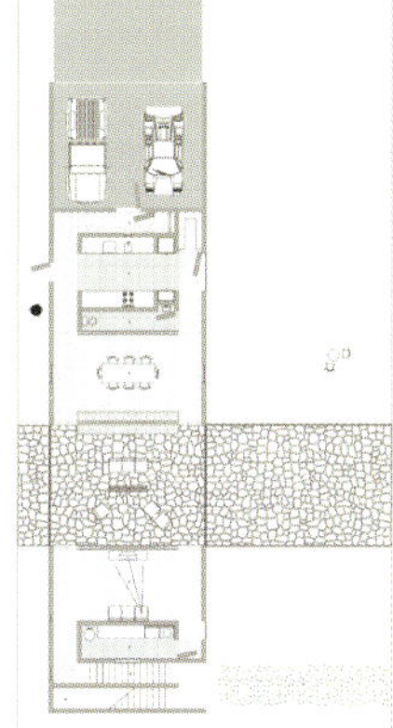

2_

3>

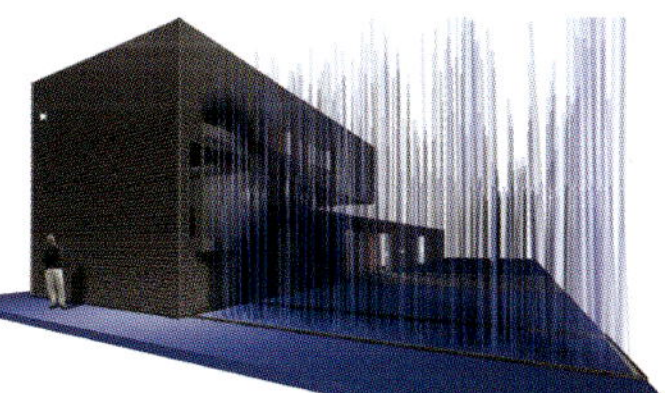

4_

1　星座住宅平面
2　后部鸟瞰
3　纵剖面
4　公共起居空间

1>

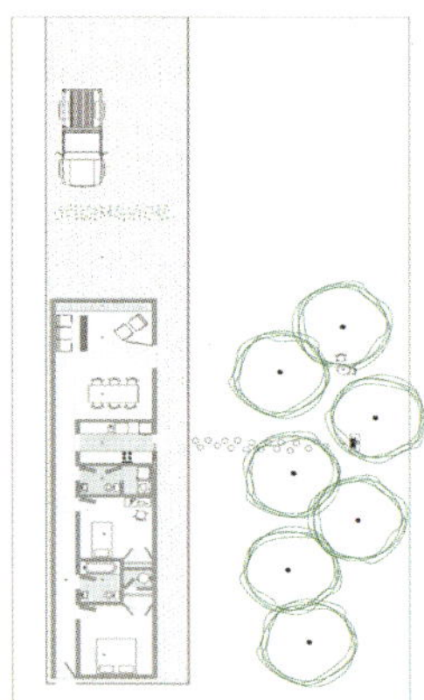

2_

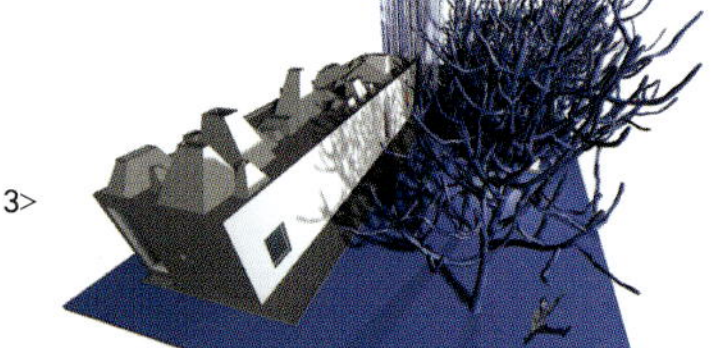

3>

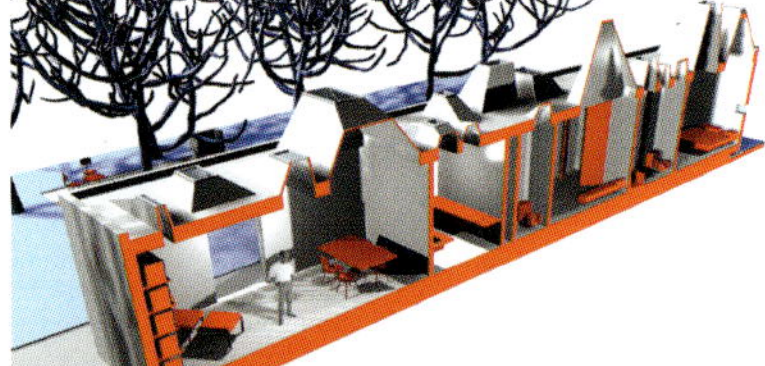

4_

1　围合住宅平面
2　从街道看住宅
3　纵剖面
4　公共起居空间的前部

1>

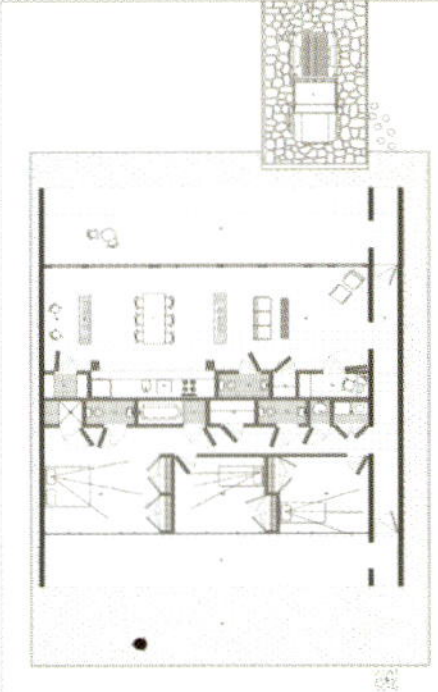

2_

3>

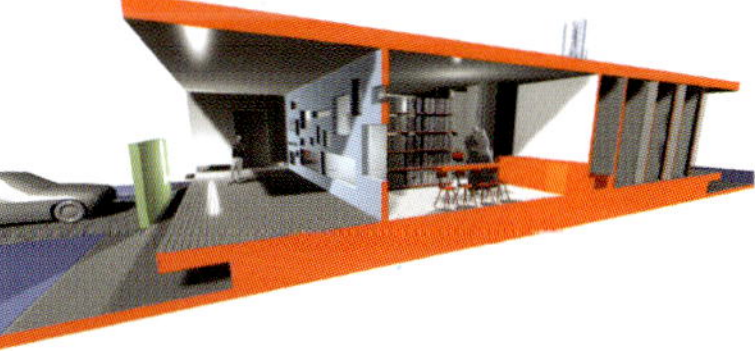

4_

建筑的机械装置

体验单元，2004 年

每一个仔细布置的单元都代表着不同的体验。在这些空间中可以看、可以靠、可以住、可以穿过、可以活动，还可以做事情。我们设计了 24 种机械装置，这里详细介绍其中的四种。

3 个盒子：3 个按顺序放置的立方体限定了这个单元的体量。两组柱状构件，一组按照九宫格方式排列，另一组是 3 根无序放置的雕塑式插杆，共同支撑着居住面。交替开、合的立面完成了光明和黑暗的变换，提供了私密的睡眠平台。

开孔盒子：开孔的外壳上排列着许多孔洞，将这座建筑转变成一个观景室。这些窗子——准确的割口、细薄的切口、拉长的圆孔和细微的针孔——协调着形式框架、大量的光线入口和通风系统。大厅是一个公用的起居室，透过那些孔洞四周景观的片段充满了这里。

光的管道：各种各样的屋顶孔洞和间隔的水平窗塑造了一条光的走廊。直线型的通道穿过不同强度的光和不同的景色。中央的长桌可以用作公用餐厅的餐桌。

颠倒住宅：该住宅由开有各种孔洞的两个对称部分组成，孔洞根据彼此对应的位置进行了翻转。建筑的形式和表面材料是对传统感知的一种挑战。这两个部分均可作为居住单元使用。

1_

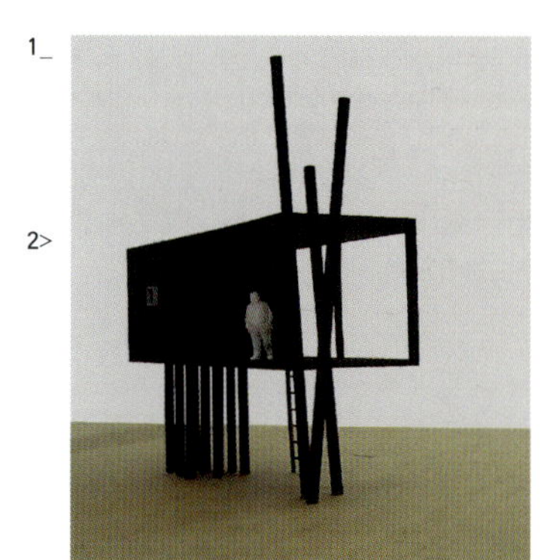

2>

1 3个盒子，模型
2 开孔盒子，模型
3 3个盒子，平面与立面
4 开孔盒子，平面与图解

3>

4>

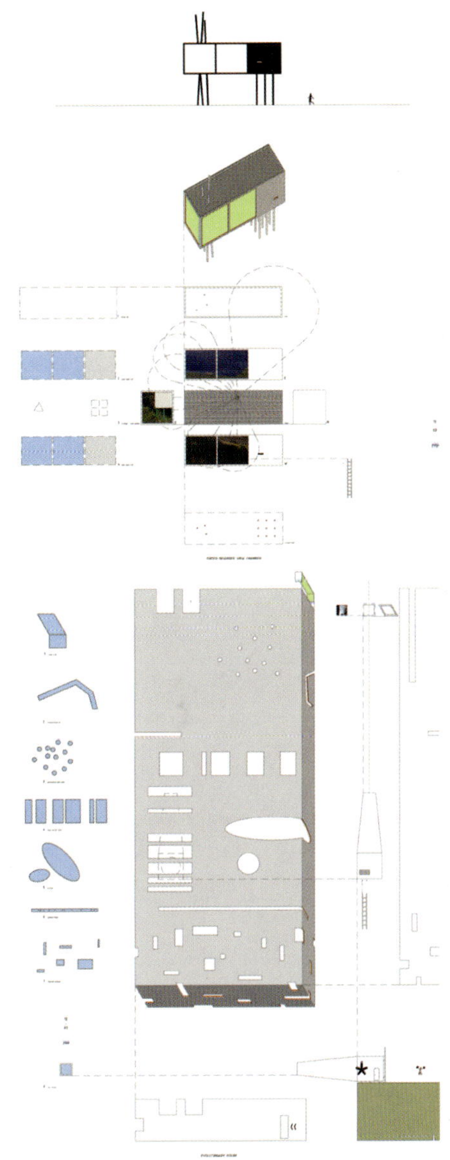

5_

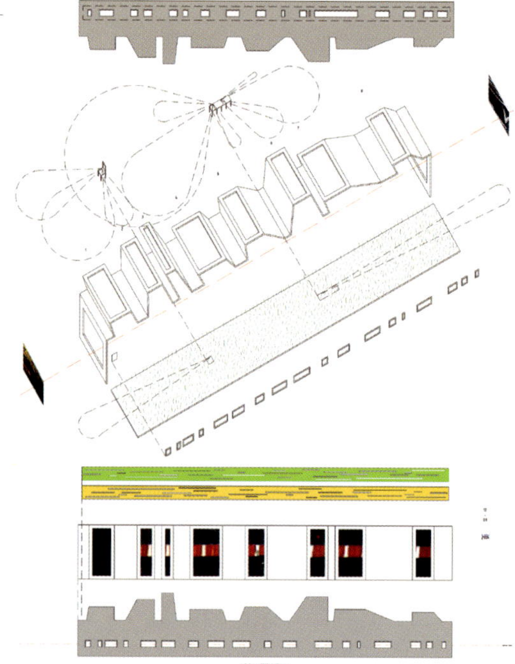

6_

5 光的管道，轴测与图解
6 光的管道，模型

7 颠倒住宅，轴测与图解
8 颠倒住宅，模型

7>

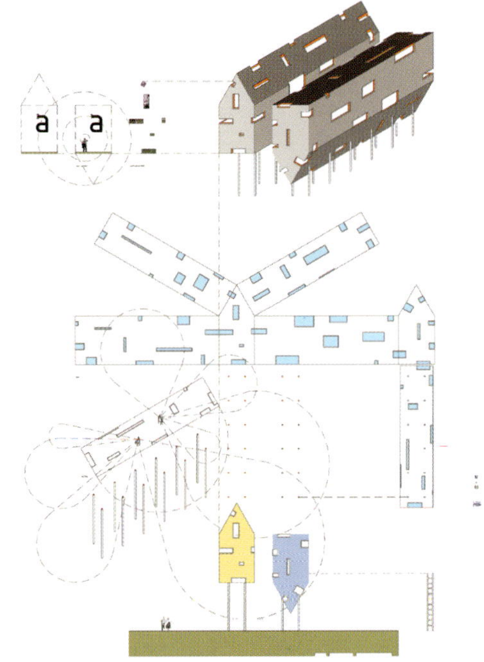

8>

米洛比概念系统事务所

米洛比概念系统事务所始自两位建筑师将建筑方法与其他媒体相融合的实验。我们雄心勃勃要去创造一种工作环境，这将使建筑不再像是按照菜单点菜一样，而是一种易变的创造性手法，一种系统，激活漠视尺度、规则、媒体的物化程序。我们要检验建筑的重要性，并且创建某种直觉、理论以及流行文化的载体，从而影响设计思考的语境——从策略、开发、生产到品牌个性、广告以及建造环境。

无论一个具体项目的实现如何巡回往复，我们的方法总是包含着两个特征性的循环，一是消减，二是添加—— 1. 提炼：通过研究和分析，我们将项目的语境——它的独特情况和叙述——提炼成一个理论模型。这个模型吸取了其他更为丰富或者我们更熟悉的系统中的一些东西来描述我们正在研究的对象；2. 翻译：理论模型本身含有某种内在的概念关系，这种关系不在最初的类比关系之内——即过剩的意义或者说开放的基本结构。当模型与对象之间的这些新关系被确认，我们就开始把它们作为一种探索的方法翻译成材料、数字或文字。我们引入某种外部设施、某种概念性建模工具的野心在提供了一种整理研究程序的方法的同时，也对我们自己的先入为主的观念和反应行为发起了挑战。

在当代设计的变化中米洛比概念系统始终都在大胆尝试同客户、预算和技术进行结合。我们要做的就是对某些事物进行思考、检验并将其放置在它们所处的这个世界的影响之下。

汽车旅馆

纽约，2002 年

该项目的委托人是一位房地产开发商，他对城市汽车旅馆这种在曼哈顿日益增多的小旅馆建筑很感兴趣。用地位于 West Chelsea 的美术馆街区，在设计上利用了近邻的城市工业建筑类型来重新诠释这种到处都有的庭院式旅馆建筑。

就像当地停车场采用的那种竖向泊车结构，这座旅馆的房间采用单间小屋的性质，堆叠在一座开放的钢制框架上，包覆一层玻璃表皮来显示各层房间的使用情况。这个设计忠于大多数人对于汽车旅馆的感觉——没有室内走廊，室外道路可以直接通到每一个房间。设计方案旨在构建内部庭院的垂直空间，将这一空间向天空敞开，并在底层的中部设置一间夜店，而不是典型的街面小酒店。

1_

1 标准层平面

2 设计概念

3 朝向庭院的立面，显示了堆叠的旅馆房间

4 从街道看旅馆

5 朝向街道的立面

2_

3>

4_

5_

2W45

纽约，2003 年

委托人要求我们重塑纽约一流的后期制作工作室——Charlex 的形象。从徽标、网站到印刷广告，我们修补了这家公司的外形和给人的感觉。Charlex 意识到，要让客户认可他们的进步，就需要让客户在他们的建成环境中来体验，于是建筑也需要成为新品牌特征的一部分。

这个总面积 12000 平方英尺的办公室设计包括对 15 间编辑工作室的改造、1 套复杂的数据 / 商业网络，以及分层流线——这可以保证工作的独立性。由于 Charlex 的运作更像是一间旅馆，我们的构思是一个带有标记的主体量，可以单个地插入剪辑及合音工作室。这个主体量分担了服务和休息功能，被设计为连续的桦木表面，作为两层楼之间的脊柱，还有各工作室、中心管理办公室以及后勤办公室之间的交通与数字信息流动的脊柱。门的不对应和显露在外的边缘使人们意识到他们已经从工作室进入到了主体量，也就是从 Charlex 的区域来到了客户的区域。

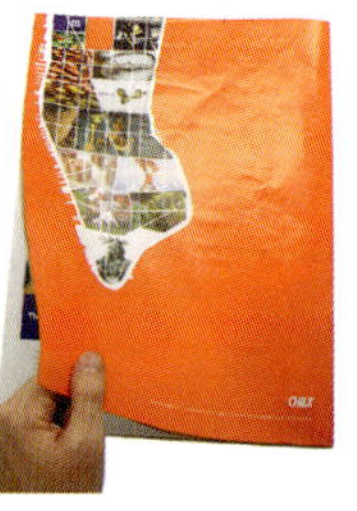

2_

1 Charlex 品牌工程
2 徽标
3 桦木“脊柱”图解

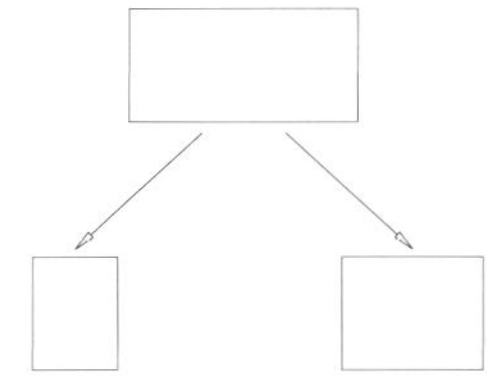

4 英尺 ×8 英尺的单元材料

3_

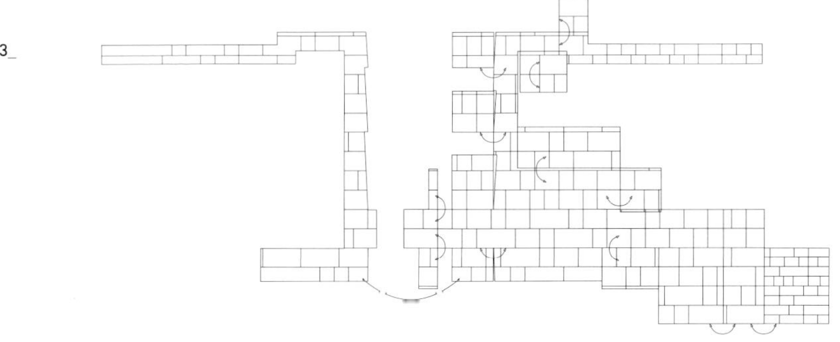

表面设计

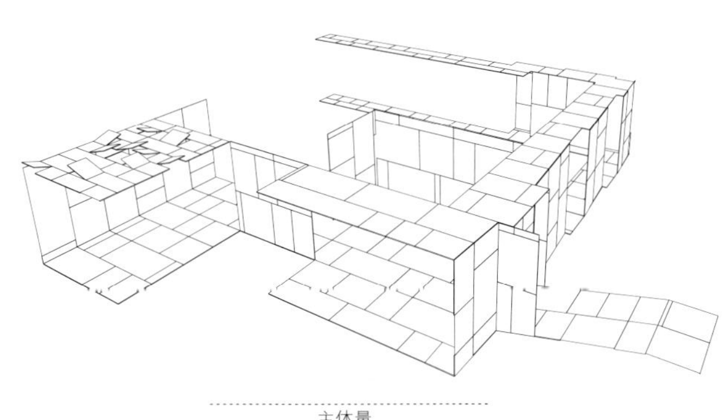

主体量

4_

5>

6_

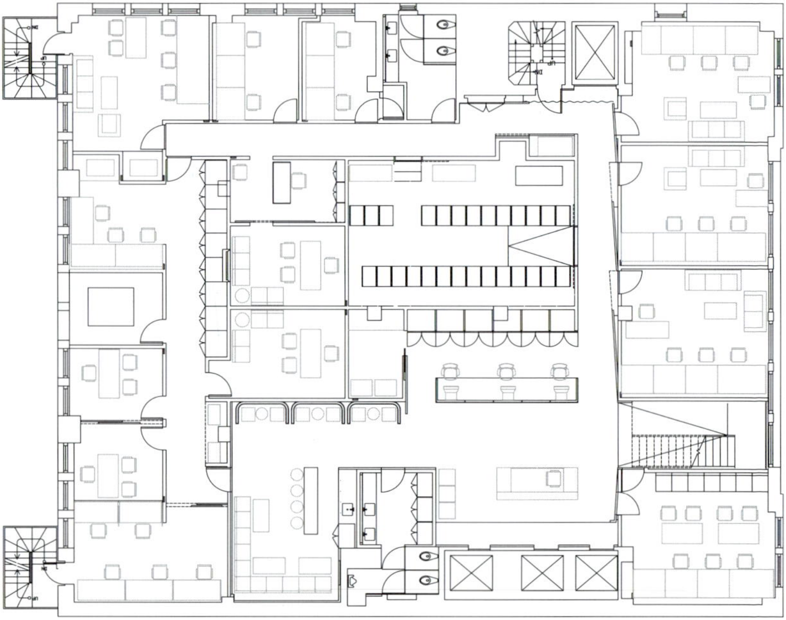

4 走廊，向西看
5 走廊，向东看
6 平面
7 啤酒吧的点阵状顶棚
8 接待室
9 休息室桦木“脊柱”边缘的情景

7_

8>

9_

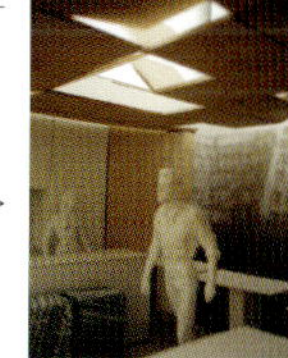

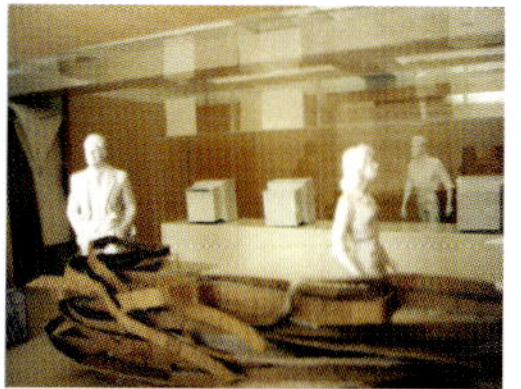

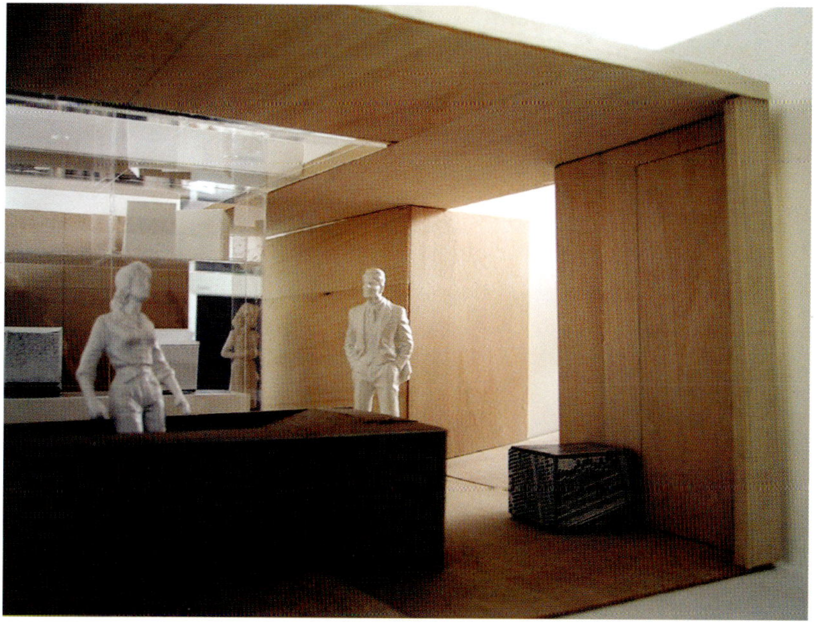

意大利 LUCINI 执行办公室

迈阿密，2004 年

当意大利著名的食品品牌 LUCINI 在迈阿密重新调整他们的商业计划时，他们需要一个新的执行办公室用来体验品牌、反映他们日益提高的商业成就并激发工作人员的创造性。首要的条件是，LUCINI 要求在办公室能看到大西洋和迈阿密城天际线的美景。本项目因为对于玻璃的创新性使用而获得了 2004 年的 Solutia 国际设计奖[1]。

这项设计的概念在于通过公司的旗舰产品——纯天然橄榄油——来表现品牌形象。我们没有去感怀意大利式的情感，而是通过强力的提炼和大胆的材料调色来实现对 LUCINI 这一品牌的当代化诠释。亮丽的绿玻璃板材和对比强烈的深黑的墙体（隔墙）似乎为海面和天际的景色镶上了一列画框。隔墙分隔出了顾客工作站、库房和办公设备间，而可移动的无框玻璃板模糊了个人办公室和走廊之间的分隔。

可用的预算是有限的，每个可以利用的元素都必须用来支持核心设计。传统的阿姆斯壮吊顶安装了特别订制的透明聚碳酸脂面板，将表面转化为带有散射效果的发光盒。绿色的夹层玻璃板悬挂在顶棚上的条形缝隙处，这些缝隙同时也是换气口。展现在外的样品库房成为一种图形元素，而会议室的桌子设计得像是一张超大的餐桌，可以在产品品尝会时使用。

1 Solutia International Design Award，一项由建筑师、设计师参加的旨在奖励玻璃设计领域的创新性工作的国际设计竞赛，创立于 1999 年，每年举办一次——译者注。

1_

1 LUCINI 意大利纯天然橄榄油
2 图解
3 办公室，向北看

2_

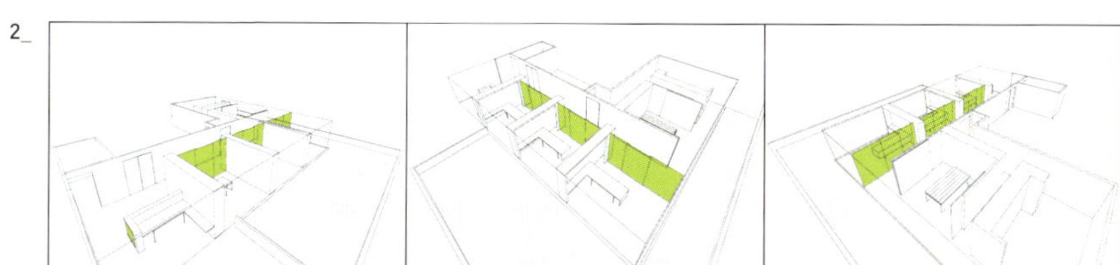

3_

4_

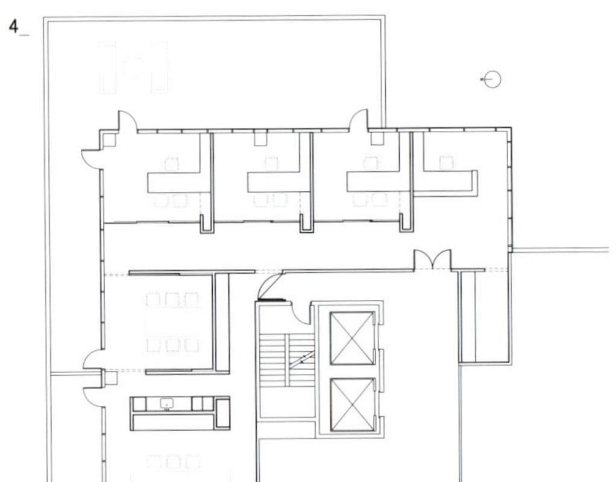

5_

4 平面
5 顶棚上的滑动玻璃隔板，细部
6 办公室，向南看
7 接待室

6_

7_

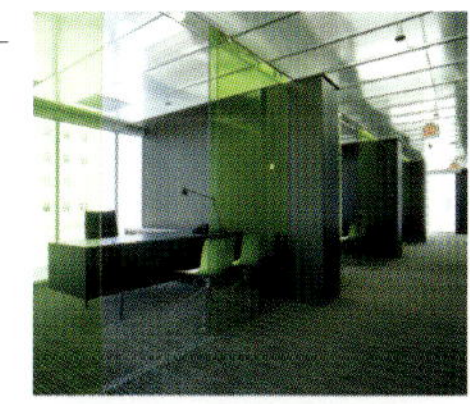

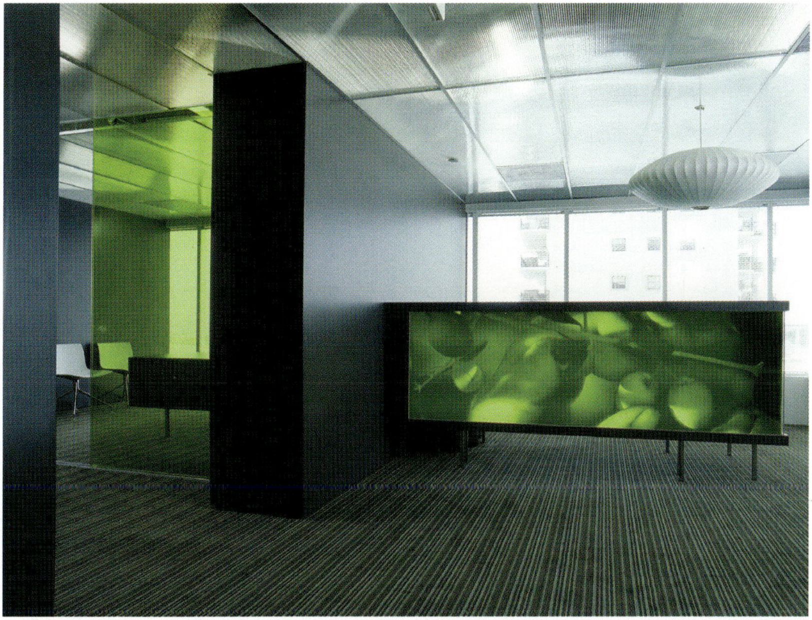

Munroe 小别墅

迈阿密，2004 年

这两座小建筑可以说是 20 世纪 20 年代简单的木构沙滩小屋向西班牙风味的小型别墅的变形，它们在 80 年的时尚泛滥里幸存了下来。如今它们困在一个封闭的豪华社区内，要出售需满足苛刻的转让限制条款，还有一个建筑控制委员会在为保护它们的历史价值而努力。这两座小别墅决不能被拆除，它们的沿街立面也不能改动，任何新的改造都限定在它们正后方的 20 英尺 ×20 英尺的范围内。我们的任务是使它们现代化，并将它们合并成为一座更大的住宅。

通过概念性地将两座小别墅的后部用楔形部分结合在一起，并留下缺席的形式，我们统一、重新安排且重新定位了这个住宅。移除了这个概念上的障碍，小别墅的室内空间展露在阳光和葱茏的后院中。楔形部分的室内是新住宅的平面中心，包含厨房和书房。由一个私密的露台、竹墙和一间金属车库限定的这个楔形部分向外则伸展到了自然景观当中。

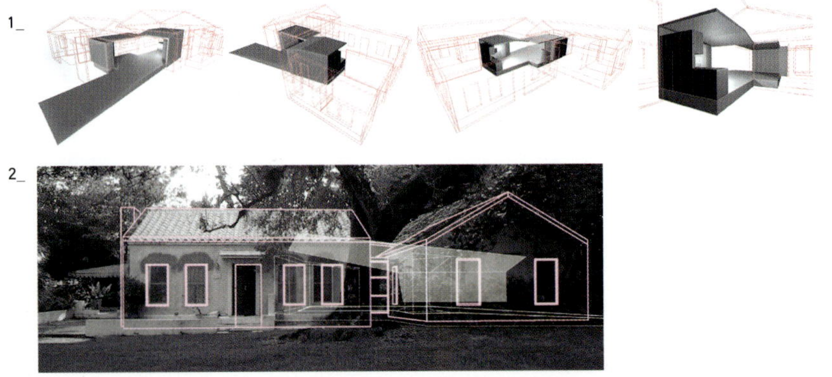

1_

2_

1 楔形部分的研究模型
2 概念图解
3 研究模型

3_

4>

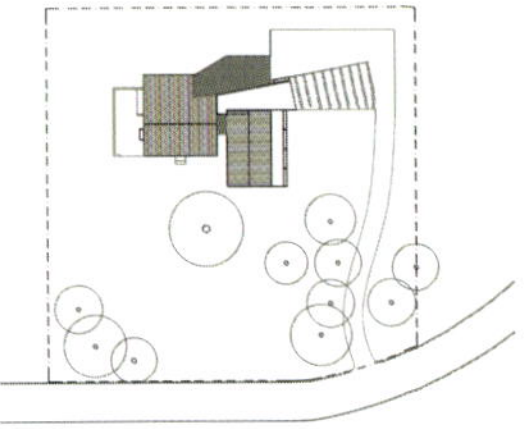

5_

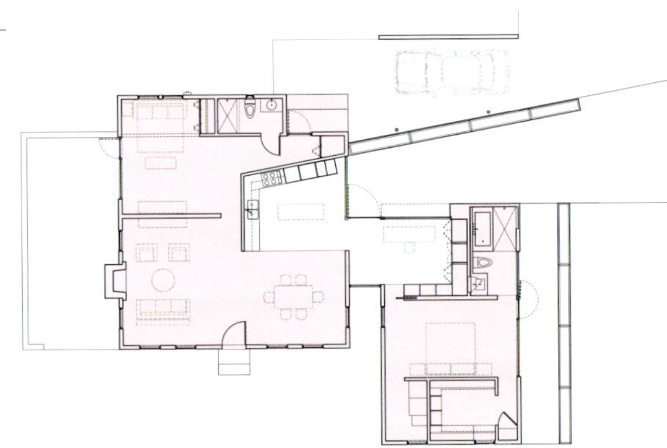

6_

4 总平面
5 平面
6 室外
7 从工作室看厨房
8 结合部的后部
9 厨房和后花园

7_

8>

9_

圣达菲住宅

圣达菲，墨西哥州，2001 年

这座住宅的委托人是一位新近离婚、从芝加哥的豪华住宅区搬到新墨西哥的荒原上的女士。在圣达菲城外高高的山地上，在她驾驶她的SUV 敢开到的最远的地方，她买了一块地来建立她的新生活。就像其他的西行者一样，她想保留过去的印迹——留在芝加哥的现代建筑和康奈狄格的青年时代中的红色谷仓。我们意识到，这项设计其实是一个对熟识场所的内省式探索，是对语境的个人化诠释。

由于她在隐居式的独处和对开阔景色的喜爱之间的犹豫不决，我们将这座住宅设计为两个互补的部分——表皮和取景器——用红色的雪松木外墙板和升起的平台表现出来。这个设计是混合式的，既有密斯风格的玻璃住宅的特质，又有地方谷仓的特质。

住宅的底层由一个观景平台组成，当它沿着用地的陡峭斜坡延伸时高度逐渐抬升，在抬升中向周围的风景和自然敞开，并且使住宅免受当地的熊的侵扰。红色的木制表皮包裹着平台，创造了室内的起居空间。在二层，表皮包裹得更为紧密，提供了主人所要求的写作和睡眠的隐蔽的小空间。

1_

2>

1 概念图解
2 从入口道路看住宅
3 从山上下看住宅
4 从室内看室外的观景平台
5 在平台上看住宅

3_

4>

5_

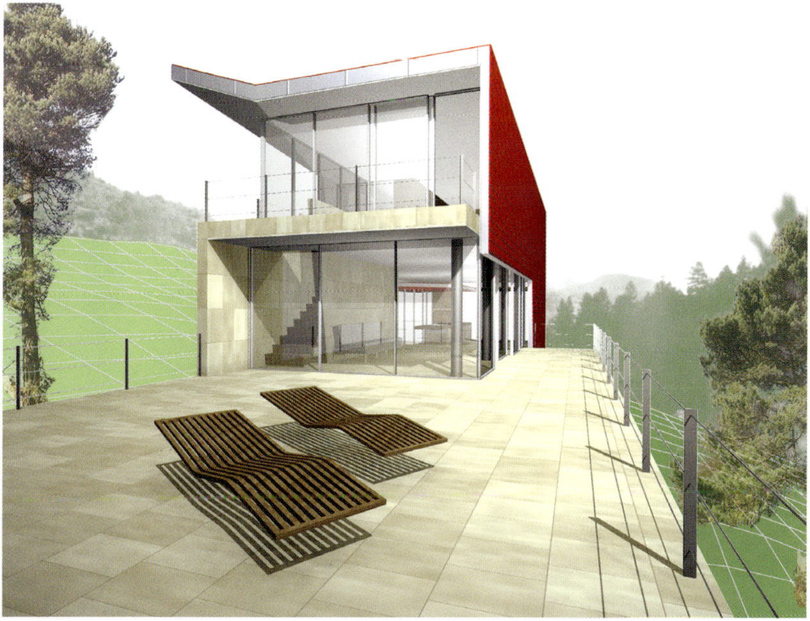

航海博物馆竞赛

奥兰群岛，2003 年

位于芬兰与瑞典之间、波罗的海上的小小岛国奥兰（Åland Islands）曾经是世界级的帆船运动强国，在历史上拥有一支著名的帆船舰队。2003 年，奥兰举办了一次建筑竞赛，主题是扩建他们的国家航海博物馆，这是经济复兴计划的一部分。本方案就是我们的参赛作品。

通过奥兰的有关海洋的历史——一个建造在海中的、属于海的国家的历史——我们的设计是对奥兰的未来的形式上的沉思。这个方案与其他的奥兰复兴计划所秉持的那种浪漫的历史主义和感情用事的客观化特征是彻底背离的。就像波罗的海蔚蓝的、冰冷的海水一样，这座建筑撞击到海岸上，以它的几何形状、结构和断裂的地平线将航行在海洋上的意境编织在一起。

1_

1 概念图解

2 总平面

2_

11.13
10.49
10
10.47
10.41
10
lobby
butik
service
prep
cafe
exhibit
exhibit
exhibit
exhibit
exhibit
(open to below)
6.61
3.10
5.12
3.70

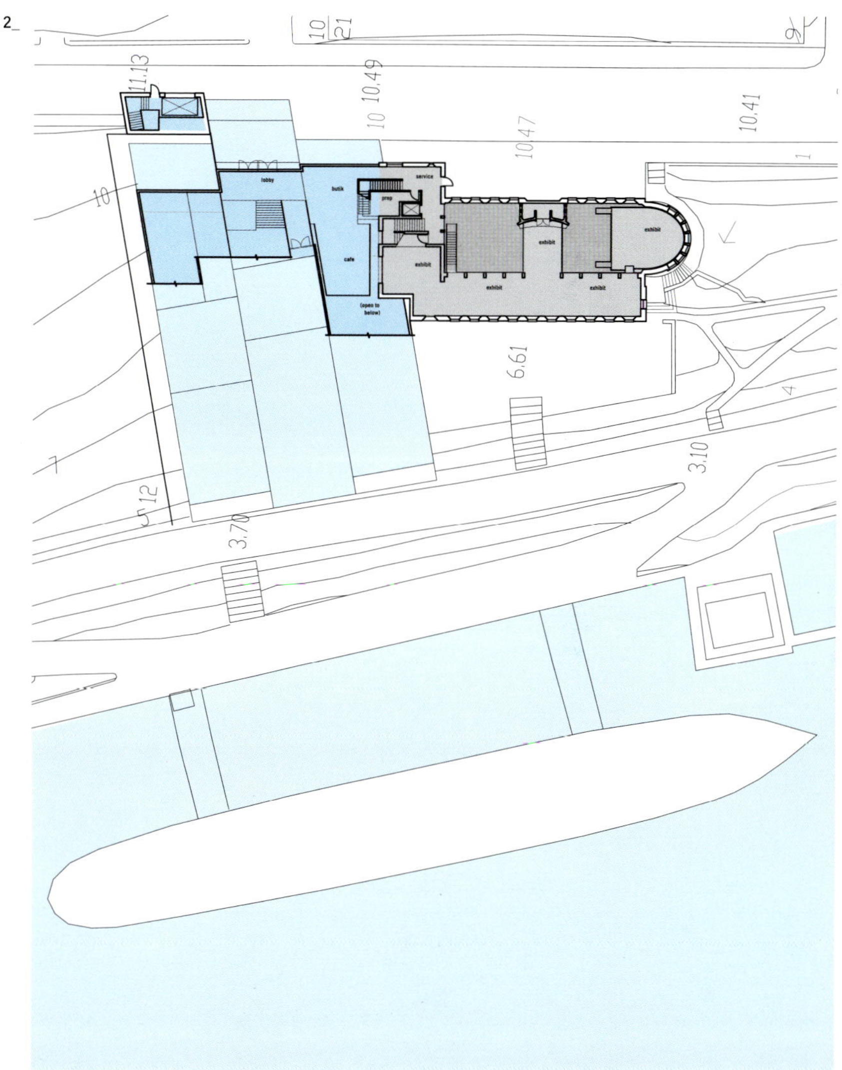

3 入口大厅
4 屋顶花园
5 剖面
6 西北立面
7 博物馆的新入口

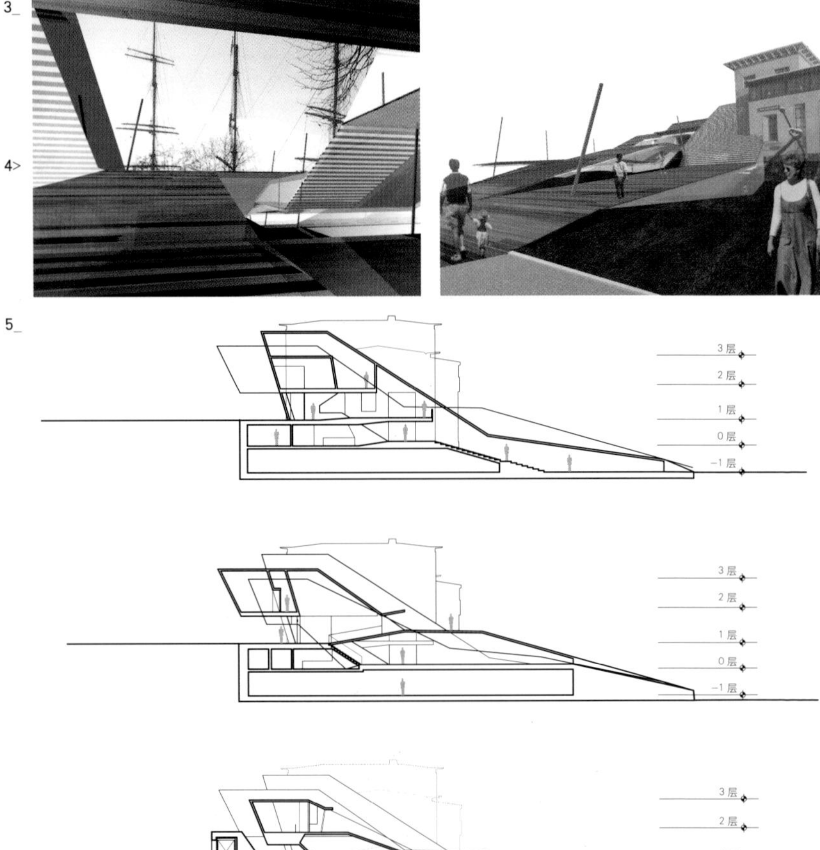

6_

7_

28BL

东汉普敦，纽约州，2004 年

我们的客户在东汉普敦他最喜欢的街道上购买了一栋设计拙劣且只有部分完工的住宅。这座由一位急功近利的房地产开发商抛弃的烂尾楼位于一片狭窄的、一英亩大小的用地上。我们的任务是把这座家得宝分店改造成一座现代风格的、配得上它所处的海岸线地段的住宅。

为了将必需的形式上的明晰感引入这座住宅，我们进行了一系列理性化的改造：

第一步：清理。我们切断、裁掉、压平、填补上所有枝节的部分。

第二步：镜像。为了以后步骤的进行，我们将镜像了住宅的北翼。

第三步：修整。为了适应用地的形状，我们对镜像形成的侧翼进行了修整。

第四步：打开与闭合。为了实现夏日的户外生活，我们将底层地板切开；为了适应冬季的要求，我们在地板上铺上一层平纹棉麻织品。

第五步：连接。为了与超长的自然景观达成和谐，我们用一个景观化了的基座模糊了室内与室外之间的界限。

1_

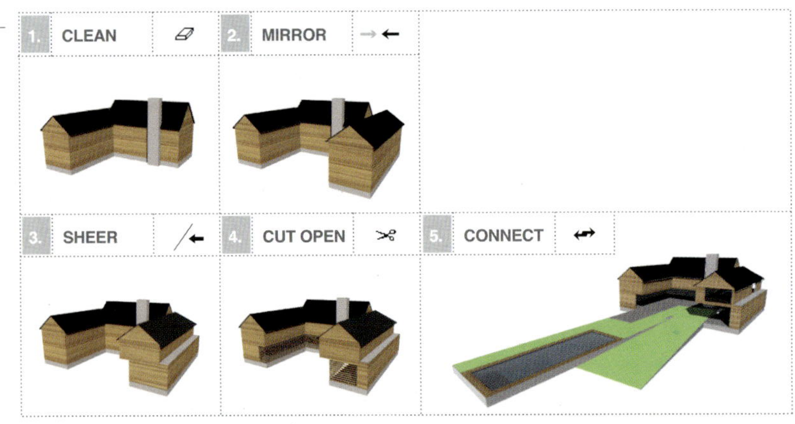

1 五个步骤的图示
2 夜间的庭院
3 起居区

2_

3_

4_

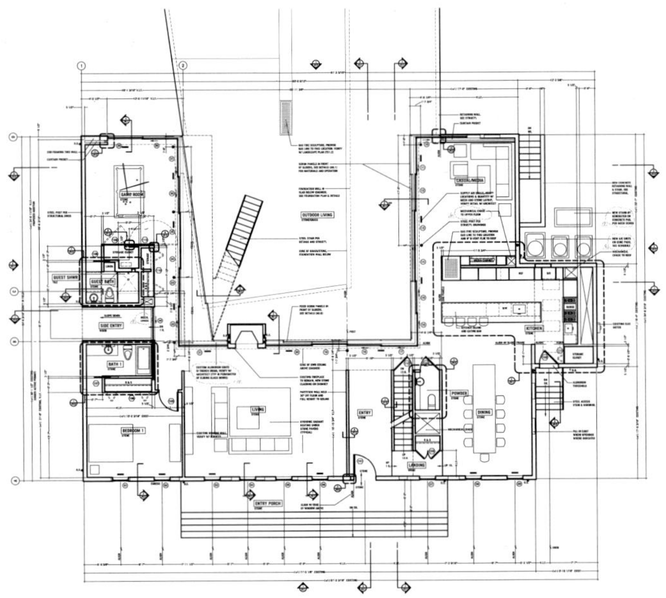

GAME ROOM
OUTDOOR LIVING
CASUAL/MEDIA
GUEST SHWR
GUEST BATH
SIDE ENTRY
KITCHEN
BATH 1
LIVING
ENTRY
POWDER
DINING
BEDROOM 1
LANDING
ENTRY PORCH

MASTER BEDROOM
BEDROOM 3
MSTR TOILET
M CLOSET 1
CLOSET 3
BATH 3
MSTR SHWR
UPPER HALL
CLOSET 2
BATH 2
UPPER LANDING
MASTER BATH
LIBRARY/OFFICE
BEDROOM 2
MASTER CLOSET 2
MASTER DECK

5_

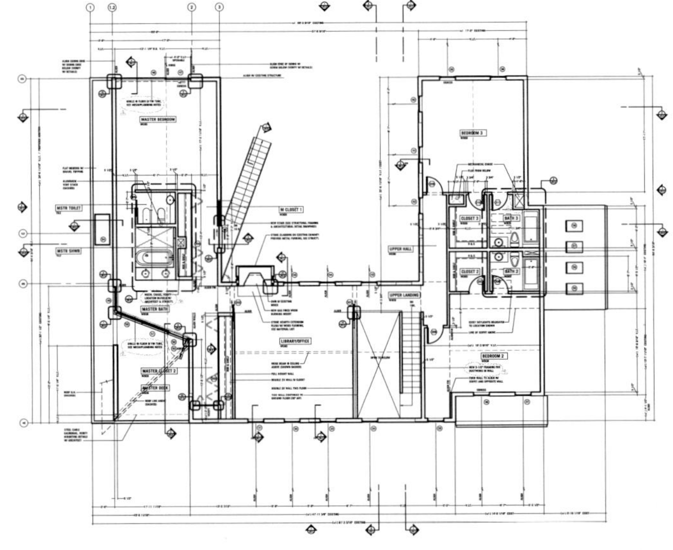

4 底层平面
5 二层平面
6 侧翼
7 从室内向外看，门开着
8 从室内向外看，门关着

6>

7_

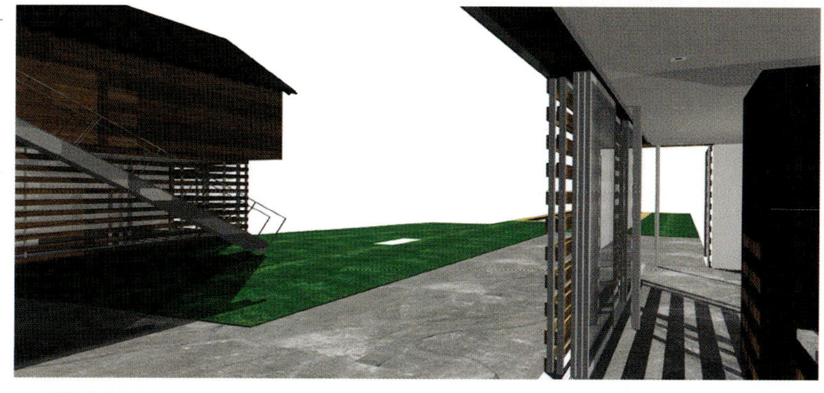

8_